〔澳〕希瑟·埃尔文（Heather Irvine） 著

多英俊 译

# 妈妈进化论

U0306950

四川科学技术出版社

# 关于本书......

每天晚上，全世界有数百万的母亲都在渴求着自己的孩子平安、快乐和健康。当一个新生的孩子第一次被母亲抱在怀里的时候，她的生活从此将永远地被改变了。这个时刻是那么短暂和宝贵。我们必须紧紧抓住这个机会，建立起这种最基本、最持久的关系，也即一个母亲和一个孩子之间的关系。

贾丝明·惠特布莱德 / 拯救儿童国际组织 首席执行官

每一个女人转变成为母亲的过程，都是独一无二的，也是极其重要的。我们从不同的地方来，我们也相聚于此。有时我们团结，有时我们分离。我们为自己"母亲"的身份而骄傲。

我们都有过这样的时刻，怀疑自己是否能够承受这段育儿之旅，承受那些肉体上和精神上的痛苦。事实上，在昨天下午 6 点，我的一个女性好友在推特上写道："是的，我们都还在这，我们母子三个人仍在呼吸。这可算得上是一个美好的一天。"

因此，这本书的一些章节就是针对上面的问题而写的。也即，当我们因为看到脏兮兮的尿布而失去自己的理智时，当我们觉得我们每天要做唯一的事，就是擦拭那些躺椅上的呕吐物时，我们该如何度过那些灰暗的、养儿育女的日子。

这本书的其他章节被用来描写那些非常少有的时刻，在那时，我们觉得自己有足够的精力去尝试新的想法，我们已经成为自己想象中最好的母亲。还有你知道的，那些转瞬即逝的时刻——婴儿好不容易被安顿好了，当房间看起来又变得整洁舒适，一杯茶和一块杏仁饼干摆在了我们面前的桌子上。

书中还有一些其他的章节，用来帮助我们去了解哪些东西是正确的。在我有一个孩子之前，我一直以为，一个妈妈的一天都应该这样度过——孩子整天都在自娱自乐（除了定时母乳喂养和把他放到床上午睡），而我就是和其他的妈妈们品尝一下牛奶咖啡。真的，这个想法是错误的、疯狂的、荒诞的。在我与其他的妈妈们交流之前，不了解自己孩子那些棘手的行为和我现在糟糕的生活，其实都是正常的。突然间意识到，尽管自己的处境依然艰难，仍需不时地努力，但知道了其他妈妈也是像我一样在努力，我内心就有了很大的安慰。

这本书还有其他一些章节。这些章节，在我们当妈妈的第一年，通常不会去阅读它，因为这些章节与如何去照顾宝宝并没很大关系，但是作为一个妈妈，了解这些东西却很必要。这些内容都是我经验的结晶，在工作中我遇到过成百上千的母亲，总结了和她们交往的许多经验，才使得本书得以顺利完成。书中还特别强调了，作为一个母亲如果照顾不好自己，那么不但自己会受苦，而且最终会影响到孩子。

成为一个妈妈意味着很多事情，但并不意味着一定要吃苦。我曾经遇到过一些母亲，她们固执己见地与我进行口舌之争，说当母亲就是要牺牲自己，但最终还是我的观点获得了认同。比如说，如果我们能做到自己平静，我们的孩子才可能安静；如果我们有耐心做好事情，我们的孩子也能耐心做好自己的事情；如果我们给孩子做出表率，那么我们的孩子成人后，会非常自爱、自信。也就是说，不是给他们讲道理，而是在生活中自己要做到。

我觉得很幸运，在工作中遇到了很多妈妈，她们和我一起交谈，甚至一起争吵。这些妈妈中，有的是我的病人，有的是我的朋友，有的是我的家人。我很庆幸自己有这样一份工作，在这里，我能学到各种各样的关于母亲的心理学知识，并能和那些想了解它的母亲们一起分享这些知识。我也学会了，在孩子马拉松式的哭闹中，作为一个聆听者，或是陪他一起长坐，这些都是我的职责。

当我与一些母亲分享一个故事，提出一些忠告或交流一种技能时，那些母亲的感激之情，让我觉得受宠若惊。我遇到过许多母亲，向我表达感激之情，那些真诚的话语，让我感到受之有愧。

母亲们的评价给了我写这本书的动机，当我怀疑是否有人会阅读这本书时，这些对我的感激之词和好评之语又继续推动着我写下去。我记得有一位可爱美丽的妈妈戴安娜，是我在工作时遇到的，她的一个评价更是让我记忆深刻。作为一个聪明的老师，她发现自己很难进入到育儿状态。她曾对我说："昨天我和我的朋友聊天，我们发现，当我们还都是孩子的时候，就已经见过你了。我们的结论是，当一个母亲把孩子从医院带回家时，每个妈妈都需要一个希瑟（注：本书作者的名字）和一个卡布奇诺咖啡机。"

这就是我想做的，就像在你的家里和你轻松地聊天那样。我一直努力把这些事写在纸上，这些事都是我亲身经历的。你可能注意到这本书的语言，它并不是很正式，我更习惯于使用一些具有幽默感的非常规句子。

在这本书里，我有时也会和你分享一下我自己的故事。我想这也会对你有所帮助，在我的育儿之旅中，我也曾十分地努力。

祝你阅读愉快！

愿这本书的文字能带给你勇气。愿你对孩子的爱带给你希望。愿全天下母亲的力量能激励你继续前行，即使在最艰难的日子里，每天都前行一步。

**希瑟·埃尔文** / 两个孩子的母亲

## Top 10

# 写给母亲的小窍门

Tips for EVERY mother

❶ 放慢脚步，而不是加快速度。抚养孩子不是短跑冲刺，而是一场马拉松。在最初的几个月里，那种"我能做所有一切"的跃跃欲试，以及在接下来的时间内一切又变得一团糟，这两种情形对你和你的孩子都不是最理想的。如果你能做到，就不要着急：抚育孩子是一个漫长的旅程。

❷ 宽容，而不是乱发脾气。现在许多事情都会惹恼你，而这些事以前你根本就不去考虑（如说话要小声，孩子正在睡觉）。你要多宽容别人，否则，你就可能因生气激动而变得大发雷霆。你也要明白，很多人毕竟不是你和你的孩子，他们可能会对你和孩子所需要的东西产生误解，这也是很正常的。

❸ 提出你的主张，而不是语言攻击。保持宽容，但需要你为自己挺身而出时，你要勇敢地做回你自己。显露你的锋芒，但不要咄咄逼人。如果人们不支持你，你要陈诉自己的情况，做出你的回应。推动变革的力量，取决你，而不是他人。

❹ 注重内在，而不是外在。你和你的孩子看起来气色很好，但在你的内心，却是一种情绪崩溃的状态。如果这样，结果会如何呢？我料想你的理智和你的头发一样，将会变得乱糟糟。只需花费少量时间去解决表面问题，主要的精力应该用于挖掘内在的东西。

❺ 分清先后主次，而不是有求必应。也许你的某个远房表亲需要你去陪伴他，你可以去，但却不能以牺牲陪伴你的至亲为代价，你的至亲要永远优先。要清楚谁是你生命中最重要的人，把你的主要精力放在这些人身上，而那些远亲们只能等。

❻ 建立亲子关系，而不是疯狂购物。漂亮的婴儿车自然是很漂亮，但你的孩子并不在乎婴儿车是多么昂贵和精美。和你的孩子建立一个亲密的关系才是

最重要的。为孩子购买一些儿童特价品就足够了，要把主要精力用于和孩子建立亲密的关系上。

❼ 关心，而不是批评——无论是对待他人还是自己。觉得这个母亲做得非常糟糕？认为那个母亲搞得家里好像龙卷风过境？这些场景对你来说是不是很熟悉？但现在并不是评判他人的时候。在我们尖锐地批评他人之前，可以做的事情首先是——关心所有处在艰难时刻的女性，包括我们自己。

❽ 心态平和，而不是追求完美。在追求完美的过程中，你会发现自己的心态就像彩虹的尽头一样难以捉摸。接受你身处的世界，接受你现在的自己，你就会发现好心态自然到来。

❾ 深呼吸，而不是喘不过气来。看看你自己的呼吸频率是否像一个女性自由斗士那样总是很快。一个较高的呼吸频率意味着一个较低的心理承受能力。所以，让呼吸慢下来，放松你的肌肉。如果你的身体所有信号都表明你正处于战斗状态，那么你的孩子也会无法平静下来。

❿ 你的宝宝是独一无二的，不是拿来与其他小孩比较的。你已经拥有了一个独一无二的小宝宝。他的睡觉、吃饭、拉便便的样子，他所有的快乐都是独一无二的。神奇女侠和邻居家的幸福宝贝都有他们自己的独特人生，不过，我们还是忘了他们吧。为了你和你的孩子之间建立特殊的关系，你只需要了解彼此就可以了。

# 关于母亲的事实真相

——破除那些说法，让我们觉得难以胜任母亲的种种说法。

1. 成为母亲时的平均年龄？ 30 岁

2. 成为母亲时的年龄范围？ 15 岁到 60 岁

3. 超过 35 岁的母亲占多少？ 14%

4. 怀孕期间增加的体重平均有多少？14 公斤

5. 孩子出生后平均体重下降有多少？ 4.5 公斤

6. 母亲的平均体重（孩子出生后妈妈的体重）有多少？ 65 公斤

7. 分娩时，将有如下经历的女性的数量：

（1）经历过自然分娩？ 50%

（2）使用过辅助生殖技术？ 5%

（3）宝宝出生后，会阴出现一度或二度撕裂？ 50%

（4）阴道分娩？ 接近 70%

（5）剖宫产分娩？ 30%

（6）采用外阴切开术？ 14%

（7）在医院出生？ 96%

（8）在医院分娩期间使用麻醉剂？ 50%

（9）在 37~41 孕周分娩？ 90%

（10）描述分娩时受到了心理创伤？ 35%

（11）多胞胎妊娠？ 1.6%

（12）有婴儿忧虑症？ 80%

（13）出现产后焦虑？10%（25% 的人有症状，但没有完全达到标准）

（14）出现产后抑郁症？ 14%（35% 的人有一些症状，但没有完全达到标准）

（15）在孕期或产后出现过痔疮？ 50%

（16）女性平均每天有 7 小时的休息时间，然而在夜里却有 2 小时是醒着的。

（17）最后：

—60% 的母亲会在宝宝出生的当天与婴儿建立联系

—10% 的母亲在宝宝出生三个月后才与婴儿建立联系

# 关于宝宝的事实真相

可能出现的情况：

—— 出生时体重为 3.4 公斤

—— 在出生后的前几天体重减轻 5%~10%，然后在 14 天内又恢复到出生时的体重

—— 出现黄疸吗？ 60%

—— 使用辅助装置或送入新生儿重症监护室？ 14%

—— 在其第一年平均使用 3500 片尿布

—— 在大约六周的时候开始微笑

—— 在 4 到 7 个月开始翻滚

—— 在其第一年平均拥有 56 套服装，平均花费 3000 元

—— 一个月体重增加 0.45 ~ 0.90 公斤

—— 在其前三个月平均每天睡 13 ~16 个小时

——13 个月左右开始走路

—— 婴儿在其第一个月每天要哭 1~ 3 个小时

# CONTENTS

**第1章** 产后几个月，如何照顾好自己

**第2章** 产后几个月，如何照顾好宝宝

# 第3章　快乐身心，远离不良情绪

# 第4章　你的忧郁谁作主

## 第5章　建立亲子关系，妈妈宝宝甜蜜蜜

## 第6章　不要让社交媒体动了你的心

## 第7章　当友谊无法天长地久

## 第8章　与丈夫关系的调整

## 第9章　我婆婆　我妈妈

## 第10章　失去母亲的母亲

## 第11章　伟大的单亲母亲

## 第12章　破除重重障碍，重返职场

## 第13章　我是谁？寻找迷失的自我

## 第 1 章

## 产后几个月
## 如何照顾好自己

　　我坚持认为分娩是一个神奇的过程，就好像有谁赋予了我一种原始的力量。的确，我的怀孕和分娩并不是一帆风顺的，换句话说，这个过程并不完美。但事实是，我刚刚把一个生命带到了这个世界。这太令人兴奋了。

**乔** / 一个孩子的母亲

你做到了，你真的做到了。那个疯狂的想法居然实现了，让一个如此大的婴儿从那么小的一个出口出来。如果分娩的出口不合适，那就更不可思议了，通过手术刀的处理，就让阻碍变得通畅。

对一些妈妈来说，最初的几周都新鲜有趣。然而对另外一些妈妈，情况就并非如此了。即使情况类似的妈妈，最初几周的影响带来的变化也会因人而异，就比如非洲和北极的温度大不相同。下面是一些我工作时遇到的母亲说的话。

我记得，我的朋友来拜访我，探望我刚出生的小宝贝，后来我出门送他们，我们走向他的汽车。就在这时，我感觉到了一种奇怪的恐慌：我把我的孩子独自留在了房间，我忽视了她，而法律是否允许我外出时可以把孩子独自放在家里呢？孩子在睡觉，我真的不想弄醒她。我是否被限制了行动？——后来，我用了很长时间才弄清，怎么做才是对的。

**莎伦** / 两个孩子的母亲

自从我们的宝宝出生后，我和我的爱人就对她宠爱有加。我们所做的每一件事，我们所谈论的每一个问题都是关于女儿的。对我们来说，她就是宇宙的中心。她让我们惊讶无比，我们也感到幸福无比。

**玛吉** / 两个孩子的母亲

我陷入了极度的痛苦之中，我的剖宫产伤口感染了。我掌握不了母乳喂养的方法，我的丈夫总是劝说我改用奶瓶喂养。这段时间，我一直觉得很累。我似乎也没办法让我的孩子保持安静不哭。这一切都不是我想象中的样子。

**匿名** / 一个孩子的母亲

## 兴奋与糟糕并存的初体验

面对新宝宝，是不是新妈妈都会感觉压力很大呢？简而言之，的确如此。尽管不是每时每刻都这样，但这样的情况却越来越容易发生。我们应该承认，成为一个妈妈，意味着你将面临比想象中更多的新体验。比如，一个新情况（孩子突然大便），一种新情绪（莫名其妙地想哭），一种新的社交生活（为了母乳喂养，我们要一起谈论三个小时）。

成为一个母亲，自然会得到许多满足，的确，它让人感觉兴奋、神奇或惊异。然而，其另一面也让人感觉很糟糕，有时甚至可以说是非常可怕。如果有人试图让我去相信这些所谓的可怕，那么我就会调高我的 iPod 播放器，让音乐声掩盖他们的声音，我一定不会去听他们的那些唠叨（你说什么？分娩难道不痛苦？你是在开玩笑吧）。怎么说呢，如果在过去，那些担心还有必要，现在则大可不必，毕竟时代在进步，医疗水平也很高了。不要去想那些所谓的糟糕可怕，你要相信怀孕分娩和第一次做母亲就像在一个迷幻有趣的公园里，度过了一个长长的假期。

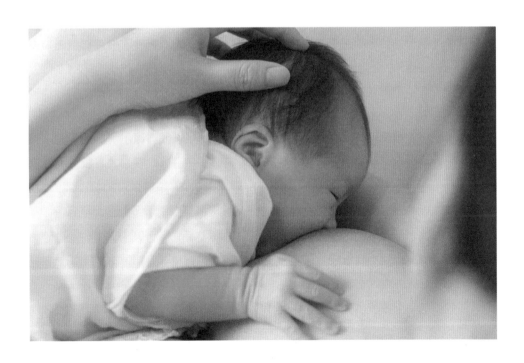

## 为什么分娩方案总出意外？

　　在我的分娩方案中，我只是有意识地去听听音乐，而我的丈夫在我做分娩球的时候帮我按摩背部。后来我被送进手术室去做剖宫产，我的丈夫几乎吓得晕过去了。这些我们都没有想到会发生。

**莎拉** / 两个孩子的母亲

　　谈到分娩，对所有的妈妈来说，只有一个词才能准确表述这个过程：独一无二。因为每一次分娩的经历都是独一无二的，这个星球上每一个妈妈的经历都完全不同。我们中的一些妈妈，都对分娩有着一个完美的想象：当产道推挤时表现得很兴奋，当子宫收缩时表现得很平静，一言以蔽之，就是整个过程非常愉快。而有些妈妈，则从日常接触到的语音或视频里得到了这样的感受——外科手术刀在自己身上冰冷地移动，针头在不断插拔着，总之整个分娩过程非常凌乱，或者恐惧，抑或二者兼具。

　　如果你的分娩与你的分娩方案相差甚远，我想这一定会让你感到泄气、烦恼、失望，或者对所发生的事感到内疚。有时候我就想，那些因为分娩方案失败而情绪受到影响的妈妈们，如果每个妈妈我都收取其一元钱，那么现在，我已经悄无声息地成为百万富翁了。

　　我记得有一个母亲泪流满面地来到我这里，分娩时的痛苦让她大声尖叫，这种沮丧让她感到绝望。她呜咽着说："我曾想我分娩时应该是很平静的，我的无痛分娩指导老师对我说，只要你保持呼吸平静和内心平静，分娩时就不会因疼痛而叫喊。"那时，我很想说出这样的话，"我建议你的无痛分娩指导老师，是不是可以做这样一个广告，即使遭受那些严重的疼痛，如交通事故、肢体折断等等，他仍能让这些人保持沉默安静。"这话我还是忍住没说。

　　先撇开这个笑话不谈。有些妇女的确可以进行无痛分娩，但一直让我觉得恼火的是，现实中所谓的分娩方案就是把大量的时间、精力和财力都用在了准备无痛分娩上，却没有去考虑大多数女性的实际情况。

　　在我的第一个孩子出生之前，我花了很多时间去研究自然分娩和制定我的分娩

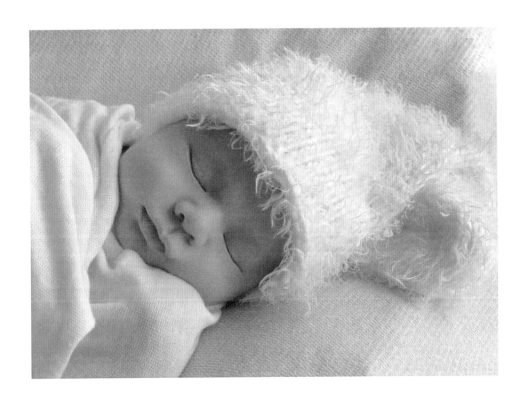

方案。不料最后的结果却是以催产和外阴切开术而结束。这之后，我反复地思考，我做错了什么，还有下次是不是能做得更好。现在我又决定要第二个宝宝了，所以我又找回了以前的那些书本，重新去研究每件事情。

　　但真是令人意外，真的很意外，这次分娩仍然和我的分娩方案相去甚远。那可真是一个漫长而痛苦的分娩过程，外阴切开术，打点滴，各种不在我们生育计划的事情，它们都一一接踵而至。以后，我再也不会去制定一个分娩方案，也不会对一次完美的生育想入非非，也不会去责备自己哪些事情没做好。如果我再去要一个孩子，我打算就抱着一个开放的心态，顺其自然，只关心那些最重要的事——只要妈妈和宝宝健康就好。

**罗斯** / 两个孩子的妈妈

## 分娩方案出了意外该怎么办？

如果像许多母亲那样，你因为分娩方案出了意外而感到沮丧，那么这里有一些建议或许对你有所帮助。

**与其他母亲讨论她们的经历。**你有可能很快就会意识到，并不是就你一人如此，拥有一个完美分娩的妈妈并不多。对那些有如此经历的妈妈，你可以鼓励她们。你永远也不知道，她们的分娩方案在很长一段的时间内，都可能是她们的生活行动指南。

**去记住一些统计数据。**20% 的分娩都是诱导分娩，大约 30% 的分娩最后采用的是剖宫产，高达 15% 的人会接受外阴切开术，大约 50% 的人会用硬膜外麻醉，还有更多的人会采用各种缓解疼痛的方法，而这些方法之前她们根本就没有想到过。如果你不幸被包含在这些统计数据里，你也不要自己寻不开心。你还可以找一些妈妈打赌，我确信，这些可能遭遇的情况并没有反映在她们最初的分娩方案里。

**记住制定分娩方案的主要目的是什么。**不是什么分娩池、按摩油、让丈夫去剪断脐带，主要的目的是以最健康、最安全、最合适的方式生出你的宝宝，并感受这个令人难忘的过程。

**记住，你没有失败的。**让你失败唯一的可能就是，我们固执于"不管是否生病、疲惫不堪或疼痛难忍，顽固地去坚持一个方案"，这看起来就像是在通过一个测试一样。与此相反，"按照那时自己的身体、心理和孩子的健康情况，做出一个最好的决定"，则一定不会失败。随着时间的推移，在孩子出生后，有些母亲可能还会存有这样的行为：为孩子安排好一个既定的培养方案，然后坚决地执行，处处与别人进行比较竞争，而不是根据孩子的身体、心理的健康状况进行适当的调整。如果一个妈妈群里有这样一位妈妈，对大家来说，那可不是一件好事情。

**我们对自己忍受分娩痛苦的预期需要被根除。**每个女人都有一个不同的身体（包括她的子宫颈的大小和形状）。每个婴儿在出生时都有不同的表现。每个女人都有不同的疼痛耐受性，而且每一胎都呈现出一套完全不同的可能引起疼痛的经历，这些经历都是不能比较的。

**相信科学研究。**不论出于什么好意，也不论瑜伽练习者、心灵导师和冥想者们如何暗示，都没有证据表明，在分娩一切正常的情况下（也就是说，孩子没有进行过多的药物治疗或者产生并发症），不同的分娩方式对我们宝宝的气质有一定的影响。在刚出生的头几天，分娩的方式可能对宝宝的睡眠、疼痛水平、食欲产生一定影响，但是几周之后，分娩方式对这些因素的影响，就无法解释了，或者说就不那么确定了。事实就是这样，你的一个妈妈群里的朋友经历了一次完美的分娩，你很为她高兴，但这并不意味着，她的孩子就一定避免了疝气痛等许多棘手的问题。

## 分娩时经历了巨大的创伤和恐惧该怎么办？

在某个瞬间，我以为我会死去。我的硬膜外麻醉出了问题，我的呼吸变得很困难。整个分娩室都是医务人员，所有的人都对我说要保持呼吸。当我的孩子出生了，她随即被送到了复苏室，我的丈夫就去陪伴她。我的四周都是人，但我却是如此恐惧和孤独。那是一种绝望的感觉。

**唐娜** / 一个孩子的妈妈

如果你承认自己的分娩不是"最佳体验"或者未能拥有"一次令人惊喜的精神之旅"，那么就会有人为你贴上一个"神秘怪人"的标签，这种做法过于武断，这些人也应该看看下面的统计数字。多达三分之一的女性描述她们的分娩经历时，会使用"遭受创伤"这个词汇，庆幸地是，这也意味着三分之二的女性不会这么描述。但如果你是前者中一员，那么你产后的生活将会变得很艰难。对我们这些遭受创伤的妈妈们来说，这看起来似乎没有同情心（对比那些有过类似体验的妈妈们）。的确，任何伤口、眼泪、疼痛、伤疤、缝针、擦伤，乃至濒临死亡的体验，都被简单的几句话所消解了，"至少现在你有了自己的孩子"。

正如研究人员谢丽尔·贝克 (Cheryl Beck) 在她对母亲分娩经历的调查中所解释的那样。"一个妈妈自认为遭受了分娩创伤，但在产科医护人员看来却截然不同，他们可能认为这就是一次例行的分娩，仅仅是在医院的一天而已。"

几句诸如"攻克难关"的不屑之语，是并不能消除这些创伤的。一些医务人员的冷漠，对我们所经历的事情轻描淡写的态度，使得情况变得更加糟糕。在我们所谓的现代社会中，没有一个人能帮助女性解决分娩这个现实问题。事实上是，在一些地方，1% 的女性，也许多达 10% 的女性，她们的经历不是仅仅被描述为分娩创伤，而是具有了足够多的症状，被诊断为创伤后应激障碍 (PTSD)。环顾一下你周围的那些妈妈们，她们中每十个人中就有一个足以被诊断为心理创伤，而这都是因为糟糕的分娩经历所带来的后果。

我有一个非常完美的孕期，愉快而又健康，我的分娩也很完美。所有这一切都如我所期望那样。然而，所有事情都变了样。我开始大出血，然后就昏迷过去。我记得我的母亲（我的分娩陪伴者）大声呼叫寻求帮助，我永远不会忘记她脸上惊慌失措的表情。我看到到处都是护士，然后我就不再记得什么了。几个小时后，我才从抢救室里出来，我出了很多的血。在接下来的许多天里，我变得很虚弱，几乎没有什么力气，也很难进行母乳喂养。甚至与我可爱的女儿进行交流，建立亲密的关系都受到了影响。我花了好几个月的时间才恢复了健康，才与我的小女儿建立了良好的联系。

**格鲁吉亚** / 三个孩子的母亲

如果你怀疑自己已经不同程度地受到了分娩创伤，看看你是否符合下面的一些症状。

产后创伤应激障碍的症状对照表

| 症状 | 妈妈说的话 |
| --- | --- |
| 我是不是经常做噩梦，或者经常回忆我孩子的出生？ | 每次我想睡觉或闭上眼睛，就好像一切都又发生了<br>我无法摆脱所有出错的画面 |
| 我为所发生的事责怪自己吗？ | 我只是忍不住认为这都是我的错<br>我本可以做些不同的或更好的事情 |
| 我是否觉得我必须一直不停地检查我孩子的安全，担心会出现其他问题 | 我不相信自己能照顾好孩子<br>我一直担心孩子会受到伤害，或者停止呼吸，就像我分娩时那样 |
| 当谈论孩子出生时，我是否变得紧张，或者避免谈论这个话题？ | 只要谈论这件事，我就觉得快要崩溃了，突然就流出泪来<br>这件事太可怕了，我不想再谈论它 |
| 我是否经常感到烦躁、生气或悲伤？我的情绪是否看起来多变，从状态正常迅速转变为有些绝望？ | 就好像我的思想感情总是处于黑暗之中。然后，接下来的一分钟，我突然觉得很生气 |
| 我是不是感觉麻木了，好像什么都感觉不到了？ | 我就是没什么感觉<br>好像没什么问题 |
| 我是否总是躲避自己的孩子，或者因为以前的事感觉我和孩子之间有隔阂 | 我不知道我对我的孩子有什么感觉<br>好像这个孩子不是我的<br>这不是我想的那样 |
| 我是否躲避儿科护士和医生、儿童医院或者其他的一些人和地方，以免勾起我对分娩的回忆？ | 我就是不能面对任何看起来和医学有关的东西<br>它把我吓坏了，让我想起了我分娩的时候 |

**如果你发现自己具有了一些上述症状，那么下面的建议会对你有所帮助。**

**讲述你的故事。** 讲述那些让你悲伤的事，这看起来有点奇怪。不过研究一再表明，为了能从创伤中恢复，谈论一些难过的事是很必要的。如果在你的社交圈里缺少倾听者（或者你觉得人们不能真正理解你），早期研究表明，把你孩子出生过程写下来，这种方式对你来说也很有帮助。如果这些事你都无法做到，或者觉得它对你帮助有限，那么你可以寻找一个具有一定职业背景的倾听者——一个和蔼的儿科护士，一个你的私人医生，一个心理咨询师或者一个心理医生。

**不要局限于产后抑郁。** 许多新妈妈都说自己没有得到帮助，因为所有的情绪体验都被冠以"产后抑郁"之名从而被忽略。如果你遭受过分娩创伤，你的许多症状也符合上文所述的那个检查表，那么你就不仅仅是"产后抑郁"那么简单了。你要寻求帮助和支持（详见第四章"如何找到一个好的心理咨询师"一文）。

**哪怕别人不同情你，你对自己也要有同情心。** 要明白你所经历的事是一件痛苦和可怕的事，你会为此感到失去控制、迷失自我或无所依靠。分娩是一次强烈的体验，而且你是拥有这种体验唯一的人。其他别的人，即使有能力或义务，也很难帮你把疼痛、悲伤或恐惧降到最低。这就好像，对于一个没有经历过惨痛车祸的人，你却让他谈论疼痛是怎样的感觉——这真的很荒谬。

**给自己一些时间。** 在经历了创伤之后，我们的大脑就会对我们这个世界是否安全做出新的评价和认知，包括这个世界上每一个人和每一件事。当这一切发生后，在我们曾经认为不可能发生危险的地方，我们也会视之为危险之地。我在工作中遇到过一位妈妈，在分娩时，她的孩子差点丢失性命。结果，她再也不会让一个塑料袋出现在她的房间，她害怕塑料袋会飞向她的孩子，然后导致他窒息。不过，就像这位母亲，随着时间的推移，我们之间重新建立了信任，她的恐惧感也逐渐减轻。当你慢慢重拾对自己的世界和他人的信任时，你自然也会对自己更加温柔。

要勇敢面对，而不是躲避，那些能让你回想起自己分娩时的场景、事件或地方。你可能觉得很奇怪，为什么你要去那些地方，难道是为了使自己更痛苦？但事实是，如果你总是避免接触它们，那么创伤的症状往往会增加，而不是减少。你可以去看望一下助产士，在你分娩时她就在你身旁，如果做不到，你还可以给她写封信或寄张贺卡。回到你分娩的那家医院，随便送一些花。每一天都接受一点点，就会逐渐建立起信心。如果你需要支持的话，一定要寻求一个值得信赖的朋友或者自己的伴侣，让他来陪伴自己。要有耐心，你可能需要花费数年的时间才能重建自己的信心，从此不再惧怕回到那个曾让你痛苦万分的地方。

我花了两年的时间，才重新走回那个医院，在那里我生下了我的男宝宝。那是一次可怕的分娩，我的宝宝也差点死掉。对医院里的一些工作人员，我至今仍是余怒未消，不过有一个助产士，我相信是她救了我孩子的命。我想送她一些花，留给她一个便条。的确，经常重返医院，做一些送花的事，这些对帮助我恢复大有好处。

**希瑟** / 两个男孩的母亲

**坚持自己的立场。**你可能对拥有了一个健康的宝宝心存敬畏和感激之心，然而你仍不可避免地因孩子的出生而被吓坏和受到创伤。不要让那些貌似客观的、讨厌的、傲慢的医务人员或好意的家属说服你，说你一切安好，没什么问题。坚持认为自己受到了分娩创伤并不意味着就是对那些工作人员没有感激之情，它们是两种完全不同的东西。

**与那些有相似经历的人建立联系。**可以利用互联网去寻找像你一样需要支持的世界各地的女性。尽管你有自己的妈妈群或朋友群，但群里可能都是关于完美分娩的溢美之词。请记住西方世界三分之一的女性不会这么做，她们会在群里保持沉默。那些经历各种分娩创伤却保持沉默的女人，更欢迎你的到来，并和你分享彼此的故事。

**多阅读一些关于分娩创伤的文章。**当你在网上寻找其他有类似经历的母亲时，你可能会遇到一些非常不错的网站。如果你感兴趣，有两个主要的关于分娩创伤的网站你可以多加关注，这些网站是由母亲们发起的，而不是什么专业人士。在认真对待那些有过分娩创伤经历的母亲方面，我们还有很长的路要走，我们也期待着整个社会能为分娩的母亲们做更多的事情。而现在，我们可以从那些分娩创伤网站开始自己的阅读之旅。

## 生完孩子真的会"傻 3 年"吗？

冰箱里已经有了那种食物，可我们还总是不停地买回来。我们只好拼命地吃，不知道该怎么处理这些食物。生活看起来很糟糕，有点让人绝望。在我连续 5 个晚上给他吃了毫无味道的意大利面之后，马特（我的配偶）就接手了烹饪工作。

奥利维亚 / 三个孩子的母亲

我有一个朋友，她不时地和我开玩笑，说自从生了宝宝，她的脑子就好像被送给了胎盘，自己以后再也没见到过。毫无疑问，你和你的那些妈妈朋友会不时地说，现在自己的脑子就和小孩子的脑袋一样，以此来自嘲自己所犯的各种啼笑皆非的差错——忘记自己名字，记混了日子，去了错误的地方，把贺卡邮寄错了人或者邮寄给了自己。

事实上，研究结果表明，在产后期你的头脑可能比以前更加活跃。是吗？我怎么感觉不是那样？研究告诉我们，在那些所有与照顾婴儿有关的领域，我们的能力在增加。或者，正如研究者所说那样，在这些领域中，"与婴儿进行复杂的行为互动的技能在增加"。那么，在处理复杂的社会关系，为大量的参观者提供食物，或者获取一个大学学位等方面，则没有什么改变吗？是的，没有什么改变。

有时我不得不自嘲一下自己。很多次我走进了某个房间，可我不知道自己为什么要进去，进去做什么。这看起来有点荒唐可笑。现在我严重地怀疑自己的智商，若你觉得我的头脑像个孩子，我也不会不高兴。

尼娜 / 两个孩子的妈妈

那么，为什么那些再简单不过的日常事情看起来变得如此困难？原因就是，如果你像大多数的新妈妈一样，你就会疯狂地试图做好所有的事情，或者你的压力很大，或者你的睡眠不足。而这又意味着什么：

**大脑中管理逃离或战斗的区域开始兴奋，该区域也被称为皮质下区域。** 当我们觉得自己受到某种威胁时，该区域就会活跃起来，试图采取逃避或对抗行动。其结果就是，我们的心率、呼吸频率和肌肉紧张度会增加。

**大脑中管理逻辑、理性、决策的区域（即前额叶皮质）开始受到抑制**。试想一下，当你被狮子追赶时，你还会想着去解决一个数独问题吗？当然不会。也就是说，当你处于某种危险水平的时候，你的大脑是不会去进行思考的。于是，你就会失去那些诸如决策、判断、计划和自我意识的能力。

**这些话听起来似乎没什么用**。但这就是我们大脑的工作方式，如果你希望那些受到抑制的大脑区域重新兴奋起来，你要做的就是减少那些对大脑产生的威胁感，换一种专业一点的说法，就是要阻止交感神经系统控制你的大脑。对一个新妈妈来说，最好的选择就是做下面的这些事：

**尽可能让自己平静下来**。下面这些你都可以尝试一下：饱含深情地自我对话，进行呼吸技巧练习，寻求一份美食，锻炼身体和放松紧张的肌肉。这里我仅简单地提及一下，在本书第 3 章有完整系统的使自己平静下来的方法。

**优先保证睡眠**。尽管并不容易，仍旧有一些方法可以防止睡眠不足，以避免我们智力的减退。

## 产后身体会发生什么变化，该怎么应对？

我敢打赌，当你怀孕的时候，你非常了解自己的身体会如何变化，身体就像被逐渐堆积起来一样，越来越重。在这九个月之中，你小心翼翼地行动，从怎样保持睡眠，饮食和锻炼对身体的影响，一直到如何按摩会阴。大多数的怀孕妈妈都会成为一个会行走的百科全书，非常了解自己，也非常了解自己的孩子。但是在产后期，情况就完全不同了。**这常常意味着我们不知道自己身体都在发生什么变化，包括：**

**膨胀的子宫，总是要缩回去。**在你的宝宝降生之后，你的子宫就开始回缩。最初，子宫的重量将近有 1 公斤，但在产后的六周，它的重量仅仅约 100 克。子宫回缩的过程会引起一些女性下腹部疼痛（或者说是产后疼痛）。子宫按照自己的规律进行回缩，因此我们伸展腹部的肌肉时，就需要多费些力气。这个过程是你所希望的样子吗？是或不是其实并不重要，现在你只需要做大量的腹部锻炼（谨遵医嘱）。

**我还是不断地出血。**分娩后，女性会出现阴道出血的情况，它被称之为恶露。在分娩后的前 12 个小时内，恶露的量比较大，然后它的量就开始变小。对这些恶露的颜色进行观察，就能从恶露颜色演变的过程解读出许多信息：通常情况下，前几天的恶露的颜色是浅红的，然后就变为深红色，这个过程可维持到产后四周。

**阴道渗漏。**对那些阴道分娩的女性来说（或者在剖宫产前进行了长时间的阴道分娩），你的骨盆底可能遭受了巨大的冲击，这就意味着在产后前几天阴道渗漏是正常的。那些松弛的肌肉或骨骼会逐渐恢复到它以前的状态，你可以通过做盆底肌肉锻炼来帮助自己加快恢复速度。尽管这种锻炼枯燥乏味，但它却是必不可少的。

**外阴切开术。**如果你接受了外阴切开术，你肯定十分想知道那个地方究竟发生了什么。如果你的宝宝是头、肩膀或身体其他部位 先露出的，造成了你的会阴撕裂，你还会那样想，那个地方究竟发生了什么。这种情况，任何 Kleenex 广告中都不会提起，你当然也不会见过。无论如何，大多数现代手术的缝线将在大约两周内溶解，因此不需要去进行拆线，而刀口皮肤的愈合需要两到三周。因此，在这段时期内，你应注意以下几点：在坐下之前，让自己的臀部收紧，在大笑、打喷嚏、咳嗽发作时也同样如此，交叉自己双腿，把你的手放在那个地方，给它一个稳定的压力，尽量保持那个地方干燥，并穿棉质内衣。

**痔疮。** 当我们一怀孕或者分娩之后，痔疮似乎就会立刻出现。痔疮实际上就是静脉曲张，引发它的原因是胎儿的重量和压力，以及分娩时的推挤力。如果你在进行外阴切开术时，顺便做了痔疮手术，那可谓是一举两得。平时你可以这么做：尽可能用冰袋来缓解不适，或者用家庭医生推荐的痔疮膏或痔疮栓也可以；为了避免便秘的发生，可以多吃一些水果、蔬菜和全谷类食物，大量地饮水。痔疮最终会缩小，你的不舒适感也会逐渐减轻，但如果你的疼痛比较严重，最好去寻求医生的帮助。

**乳房变大，就像隆了胸一样。** 分娩后，为了使妈妈能分泌足够的母乳，促进母乳分泌的激素水平会上升，从而导致乳房供血量增加。三四天时，母乳量开始大增，乳房的大小相应增加。要注意，不要让你的孩子捏弄你的乳房。当乳房变大的时候，往往意味着你也会变得很不舒服。你可以多抚摸自己的乳房（或者让爱人轻轻地拍打你的乳房），这样也会增加母乳量。

## 喂养宝宝的方式不是唯一的

母乳喂养，奶瓶喂养，一次喂多少，多长时间喂一次，宝宝打嗝，乳腺炎，消毒。听到这些是不是你感到自己要崩溃了？是不是能喂养自己的宝宝就意味着，一个妈妈可以算作一个好妈妈了？开始的时候，你和你的宝宝看起来配合很好，在喂奶的姿势、喂奶量、喂奶的时间上达成了一致，你觉得信心满满。但很快，这一切都变得让人焦头烂额，开始每况愈下。想象那个画面：哭闹和打滚的宝宝，不堪重负、泪流满面的妈妈（如果可以的话，还要加上乳头开裂和渗血）。

喂养孩子时，在喂养方法和情感态度上，要想预测妈妈是何种表现，就像预测龙卷风一样，几乎不可能。有些妈妈曾以为喂孩子是件令人开心的事，不料最后可能会十分讨厌它，而有些妈妈虽然把自己看作是一个谨小慎微的人，但却往往敢于掏出自己的乳房，让孩子大口吃奶，而不在乎有人看到。有的妈妈希望自己能给孩子喂奶，然而却力不从心，有的妈妈能做到，但却以各种正当的理由拒绝去做。下面是一些妈妈与我分享的一些经历。

我不能对我的第三个孩子进行母乳喂养。尽管我有过成功母乳喂养我前两个孩子的经验，但我们还是无法成功。当我改成了奶瓶喂养时，我的孩子却不再那么紧张了，他的肚子也饱了，他变成一个心满意足的孩子。虽然我有时觉得自己像一个失败者，但在内心深处我知道我已经为他做出了最好的决定。这也让我感觉到，以前我对那些没有进行母乳喂养的妈妈的评价，其实很不公正。

**凯蒂** / 三个孩子的妈妈

我的女儿是剖宫产，而不是我期待的自然分娩。然而她却不能从我这里获取母乳。给孩子喂奶是我们应该去做的一件很自然的事，全世界的妇女，即使她们的国家所能获得的信息比我们少得多，她们也在没有帮助和指导的情况下在做这件事。没想到我却出了问题。就这样，在48小时之后，医护人员对我女儿进行了特殊的照顾，通过鼻饲的方法，喂她喝牛奶。最后，大约在三天后，再由我通过一个奶嘴来喂养她。通过喂奶，我和女儿建立了亲密的联系，一切一帆风顺。

**匿名** / 三个孩子的妈妈

我特别喜欢母乳喂养，这是一种不可思议的经历。我离自己的宝宝如此之近距，感觉也是如此亲密。我闻着他，我观察着他，想知道这个小家伙是怎么进入我的世界的。这是我作为一个新妈妈，能够享有的最好的事情。

**玛丽** / 两个孩子的妈妈

毫无疑问，对于喂养，你能得到别人的大量建议。如果你和大多数我认识的母亲一样，那么你可能从六个不同的女性那里得到了六种不同的建议，这些人可能是来自医院的哺乳顾问，也可能是在走廊遇到的一个老奶奶，她不顾你迷惑的眼神，不停地给你讲述那些其实她也不太明白的东西——如何去喂养宝贝。

在下一章中，就此问题我会详细展开论述，在这一节，我仅就比较重点的几点表明我的观点，即母亲有选择喂养孩子方法的权利。

**女士们，我们生活在一个民主社会，这就意味着选择。**选择母乳喂养，或者不这么选择。虽然你觉得自己的选择比较好，但最好还是不要四处推广你的意见。如果另外一个妈妈想让你提出一些建议，那么你最好三思而后言。你要相信自己的选择，让其他的母亲也相信她们自己的选择。

**你听说过严重的过敏、严重的口吃、化疗或严重的疾病吗？因患有并发症而不能进行母乳喂养的妈妈和宝宝是极其罕见的，**但也并不是闻所未闻。所以，如果你看见一个妈妈正在进行奶瓶喂养，你应感到替她高兴，而不是因为自己是母乳喂养就洋洋得意。如果她和她的孩子正在遭受着疾病的痛苦，她需要你的支持和帮助，而不是冷眼旁观。如果她和她的孩子对奶瓶喂养兴趣浓厚，你又何必去杞人忧天呢？

**记住什么是最重要的。**母乳喂养对身体健康的好处很多，能与自己的孩子建立一个良好的关系也是其中之一。任何一位正在进行母乳喂养的母亲，都会因为自己长期的乳腺炎，以及担心孩子体重不增加、吃奶不足、无法痊愈的鹅口疮或其他一些需要帮助的情况，而变得倍感压力。如果出现这些情况，无论如何，首先要去寻求帮助以继续母乳喂养，但也要知道这一点：在给宝宝进行母乳喂养时，他从中感受到的爱，以及和妈妈的亲密关系，对孩子的心理健康的影响很大，而与宝宝从母亲那里喝了多少奶则关系不大。

**寻求帮助和支持。**无论你选择哪种喂养方式，我们都可能会有无数个问题要问：

喂养孩子这件事，我们是否做对了呢？你可以寻求本地妈妈群的支持，与哺乳顾问交谈，或者给育儿支持热线打电话。

　　母乳喂养是人的一项基本权利，是一种有益健康、自由的选择，值得我们去大力支持和提倡。但这并不意味着，就应该过分夸大其好处，或者将其作为解决家庭面临现实问题的灵丹妙药，我们不能这么做。现在已经是一个这样的时代，我们讨论婴儿喂养问题，必须要给基于证据和人文关怀。代替绝对论和迷信，我们需要那些中立的、以证据为基础的主张，优先考虑妇女和婴儿的实际需要和应用的权利，而不是屈从于那些母乳喂养的统计数字。

**苏珊娜·巴斯顿** / 作家

## 有些坏情绪也许只是睡眠不足引起的

睡眠是把健康与身体联系在一起的一条金链。

**托马斯·德克尔** / 作家和诗人

心烦意乱，筋疲力尽，累死了，完全崩溃。无论你选用哪个词汇去描述你的疲劳状态，每个新妈妈都清楚，没有一种感觉能和失眠的感觉完全相同。我甚至想，对每个给你提出那种宝宝睡着时你也去睡的建议的人，也即所谓的聪明人，我相信你是不会去接受这个建议的，因为我敢打赌，在你的宝宝睡着时，你肯定在洗衣服、熨烫、消毒奶瓶、清洁卫生、打电话，还有其他那些堆积如山的家务，而这些家务大多和你的宝宝有关。

你这么做，是可以理解的，但却有很大风险。如果你想成为那种女人，对别人抓住机会就去睡一会的建议不予理睬，那么你应该看看下面的文字：研究表明，被诊断为产后抑郁症（PND）的妈妈，其中的三分之一可能根本就不抑郁，而只是睡眠不足。长期失眠所带来的影响看起来和抑郁症的许多症状相同，如爱哭泣，不敢面对困难，丧失自尊心，食欲改变，决策困难，注意力难以集中，等等（如果你睡眠不足，你应该很熟悉这些东西）。

我不是一个女运动员，但是我觉得，喂养宝宝的第一年，比跑一场成人马拉松更让人精疲力竭。难到不是这样吗？选手们冲过终点时，还能欢呼雀跃，而我的孩子睡着以后，我却感觉陷入泥潭。

**艾米** / 两个孩子的妈妈

现在，我要像那些曾给你提出建议的人一样，仍旧给你一个相同的建议，"你的孩子睡着的时候，你也去睡一会"。也许下面的建议可以帮助你。

**没有必要感到羞愧**。睡眠不会让你变得懒惰、效率低下、没用处或不称职。良好的睡眠，意味着你正在好好地照顾自己（没人规定你不许睡觉，你没必要去牺牲自己）。

**确定优先要做的事情**。的确，当你醒来的时候，所有要做的工作都摆在那里，那你觉得，是打扫房间重要呢，还是让自己保持头脑清醒更重要呢？你要做出优先选择。下面这句话是我非常喜欢的一句谚语："当你带着孩子去看彩虹时，你的工作在等你，而你完成了工作再去看彩虹，彩虹却没有等你。"

其他人也可以参与进来，帮你打扫房间卫生（可以是你的丈夫、妈妈、朋友，甚至家政人员），但是却没有一个人能代替你，替你完成睡眠！这显而易见，却常被我们忘到脑后。

我们都不想出现心理健康问题，但这并不完全取决我们自己，由我们自己控制，可是我们确实可以做到减少这种风险。而最关键的一步，就是拥有一个良好的睡眠，这对于我们保持头脑清醒，拥有一个好心态极其重要。

**让我们来看看是谁偷走了你的睡眠：**

你的宝宝——因为他不安静，烦躁不安，大哭特哭。你可以使用第 2 章中所推荐的安抚技巧，让宝宝安静下来。如果应用了这些技巧后，孩子仍旧无法进入梦乡，可联系当地的儿童保健中心，并与儿童保健护理人员沟通，看看你的居住环境、对宝宝睡眠的安排都出了什么问题。

你自己——因为大脑超负荷地运转，你觉得自己很焦虑、很混乱、很痛苦。在这种情况下，你可能在心理上和身体上都很紧张，这需要做一个全面的身体健康检查。可以阅读第 3 章，看看我所总结的要点和技巧是否能够让你重入梦乡。如果是因为有太多的事情要做，你就强迫自己不去睡觉，那么你就要问问自己，你最终的目的是什么，是为了健康，还是为了工作？如果一个母亲在睡眠时间和睡眠质量上都表现得足够好，那么，她就不需要去不停地刺激自己，以让自己保持清醒。

我想我已经解决了很多问题，怎样安置我的孩子，允许自己不时地多睡一会儿，也不再纠结于让家中时刻保持整洁完美，那种感觉就像一朵乌云从脑海中消散了一样。又能和宝宝互娱互乐了，建立了亲密的关系，而不是像以前总是希望她安静地睡去。是有点遗憾，花了十周的时间才明白这个道理，但最后总算还是得偿所愿。

**凯瑟琳** / 两个孩子的妈妈

## 频繁哭泣或感觉压力大，就是抑郁症吗？

那是宝宝出生后的第三天，我刚从医院把我的儿子带回家，这时我姐姐打来了电话。她告诉我她不喜欢我为我儿子选的名字。我知道她是一个固执己见的人，通常我也不会与她斤斤计较，可这次却没有这样。我好像打开了泪水的闸门，在接下来的几天里，不停地哭泣，看起来是那么凄惨。我觉得自己不能成为一个好妈妈。后来，事情就过去了，我又变成了原来的自己。我猜想那时我一定是得了产后忧郁症——至少我是这么解释的。

**黑兹尔** / 两个孩子的妈妈

在产后的那段时期，妈妈们的情绪就像是坐上了过山车。有些时候，我们情绪高涨，感觉没有什么东西可以拿来和我们与孩子之间的爱作比较。可是，接下

来的时刻，悲伤、焦虑和恐惧却悄然而至。我们和孩子之间的那种爱的感觉出乎意料地消失了，变得悄无声息。

当你的心情由欢欣鼓舞开始变为不知所措，当你的愤怒、焦虑、悲伤或痛苦看起来似乎都无法停止，当你的爱人问你是否想喝茶或咖啡时，你就突然开始哭泣，那么很有可能，你已经患上了产后抑郁症。

**当然这只是可能，记住以下几点，说不定你的心情就会释然：**

**记住在刚过去的几周里，你的身心变化是巨大的。**你可能正忍受着比你想象中还要严重的疼痛，你的身体仍在发生着巨大的变化：乳房增大，子宫收缩，激素水平像弹起的溜溜球那样忽高忽低。此时，你开始对一个新生命肩负起了极大的责任，而你的睡眠时间却被极大地剥夺了。以上种种其实都在意料之中，这对于每个女人来说都很公平，的确，其他女人其实也经历过和你一样的遭遇，你只是在重复她们走过的路。

**你很忧郁，却不孤独，因为会有很多妈妈陪你作伴。**按照产后抑郁症的标准来衡量，同许多新妈妈一样，你也会成为抑郁症俱乐部中的一员。因为，你产后出现的那些感觉，看起来是随处可见。事实上，很多妈妈都达到了产后抑郁症的标准，基于这个统计数据，你很快就能得出结论，患上产后抑郁症看起来是非常正常的，远比你不得这个病的概率高很多。

虽然你很轻松地就进入了产后抑郁症俱乐部，但也不要太悲观，因为你可能会非常快地被这个俱乐部请出去，这很正常，就像你非常容易地加入它时一样。原因就是，在产后的前几周，大多数妈妈会莫名其妙地迅速地恢复正常。的确有些莫名其妙，一次来自周围人的关爱，一个你处于困境时别人给你的帮助，一个你苦苦挣扎时别人给你的拥抱，一份额外赠送的 Tim Tam 巧克力和卡布奇诺咖啡，都会让妈妈们迅速改变。

不过，也不能掉以轻心，如果你产后抑郁的症状在前两周内变得严重，或者情况不明，那就需要进行医学评估。你可以阅读本书第 4 章，关于产后抑郁症的症状的这一部分，看看这些症状是不是你刚好出现过。

## 天天和宝宝在一起，为什么还会感到孤独？

我没有想到，自己作为一个母亲，竟然还会这么孤独。连续几个小时喂宝宝吃奶，整个早上都是在哄自己的孩子睡觉，然后开始清理和清洗各种东西。这些都是我一个人在做，每一天都是如此，每一天都很孤独。我渴望着周末，这样我就可以和人们在一起了。

**珍妮** / 两个孩子的妈妈

每周 7 天，每天 24 小时都和宝宝在一起，为什么你还会感到孤独寂寞呢？这颇具讽刺意味。

实际上，你和宝宝待在一起的前几周，看起来很像一次浪漫婚姻的第一个阶段。你们都很严肃认真。想想看，下面的场景是不是很熟悉：你睡眠很少，因为你知道他（把这个家伙换成宝宝）会不断地把你唤醒，你知道他想和你做什么（把性生活换成喂食）。大部分时间你都半穿半露（把贴身内衣换成解开纽扣的睡衣），也许你下面还会有点痛（把新婚蜜月综合征换成外阴切开术），而且你的乳房也总是处于待命的状态。在此期间，除了此事，其他什么事都变得不再重要，什么事都不想去做。

再说说两者的最大不同：对于前者，爱人一旦与我们分离，我们就感觉到幸福开始远离。对于后者，对许多妈妈来说，对宝宝的那种爱会压倒一切，会占有我们的全部，而这时，我们的眼里就不会再关注其他人了。我们的生活至此也就开始变得孤独、难以预料起来，感觉日子飞逝而过。

因此，母亲们需要寻求强有力的社会支持。俗话说得好，"养育一个孩子需要一个村庄"，的确，母亲离不开其他人的帮助，就像一个孩子离不开母亲一样。此外，研究一再表明，尽管预测产后抑郁症的发生几乎是不可能的，但社会孤立仍然是引发此病的一个很大风险因素。

建立一个你自己的妈妈群是非常重要的。这是一项艰苦的工作，但没有这个妈妈群，我们可能就置身于危险之中。所以，你更有理由让高科技成为你的朋友，让它把你送到另一个世界，在那里你可以做真正的自己。或许你在喂孩子、洗衣、清扫、照顾宝宝、睡觉等这些事做完后，只剩下了 5 分钟的时间可以支配，那么运用下面的技巧可以帮你很快建立一个妈妈群。

**网络即时通信软件。**想让你在远方的妈妈看到你是如何照顾自己的宝宝的吗？想让你在远方的好友与你分享一个夜晚吗？可以运用网络电话。可以把它设置在你的休息房间，然后拨通联系上你的朋友。你可以一整天都挂在上面，只是当你想聊天时，再去使用它。我工作时遇到的一位妈妈，她在搬家后觉得十分孤独，但是现在她使用网络电话一直与她在另一个州的母亲保持着联系。她的母亲能够看见她在和自己的宝宝亲密地互动，在她需要的时候给予她一些支持和建议，她的母亲虽在500 公里之外，但也感觉自己成为大家庭中的一员。网络群聊技术的新进展也意味着，你和你所有远在世界各地的朋友能在同一时间内聚在一起。当然，你和你的家人也可以这么做，假如他们也分散在世界各地的话。

**在社交网站上发微博。**你应该多了解一下各种社交媒体，微博就是一款很好的、可以分享照片的应用，你还可以添加一些文字一同发到网上。或者在你的一天中，你经历了一个非常有趣的时刻，你也可以发一个微博。试想，谁不想听听你大讲特讲你的孩子吐了你一身？进一步，可以和你的妈妈朋友们建立一个特别的群，发布孩子的趣事和照片，这绝对是一种乐趣。在本书第 6 章，概述了一些使用社交媒体的技巧，这些技巧可以确保你在发布孩子的图片时，不会在以后给自己和孩子带来不必要的麻烦。

**多写一些博客。**网络上有数百个妈妈博客网。有些妈妈用它展现职场生活，有些妈妈用它来分享自己的故事，而有些人则用它发表一些看起来相当严肃的调查研究，例如，儿童安全或儿童发展问题。无论白天还是黑夜，妈妈们可以随时在博客中分享自己育儿中的新鲜事。你可以参与其中，说一些自己想说的东西。我想，你很快就会找到这样一个社区，它非常适合你的育儿风格和个性。

### 如果孩子爸爸还没做好育儿准备，我该怎么办？

在准备养育孩子这件事上，大部分爸爸都表现得差强人意，我这么说，不是在歧视他们，的确，他们表现得就是不好。这并不是说他对抚养孩子不感兴趣，可能他就像大多数的父亲一样，还没有做好各种准备，让一个孩子来改变他的生活。这个孩子让一切都颠倒过来，一个弱小的婴儿带来了如此巨大的改变，让他有些不知所错。

的确，他应该在婴儿出生之前读一些育儿图书，现在，他也应该试着读一下。但他没这么做，可能他过去没有这么做，以后也不会这么做。他就像其他所有的父亲一样，全心全意地爱着他们的孩子，却又抱着一点希望，希望自己养育孩子的智

慧自然而然地降临在他们身上，或者是耳濡目染，或者是无师自通。听到这些，如果你没有感到沮丧，你可能就会发笑。

**下面是我工作中遇到的一些妈妈的经验之谈：**

如果我们女人被愚弄了，相信了分娩就是一次非常愉快的体验，那么我们的男性朋友，同样也会想象出各种各样的美好分娩体验。当然，若我们的分娩以受到创伤而结束，爸爸们的想象也是各种各样的。就像我们女性一样，许多父亲可能也有分娩创伤后应激障碍症状。

**爸爸不知道自己的新角色到底意味着什么。** 重新适应对一个妈妈来说是一个艰苦的历程，让爸爸们重新认识自己的新角色也并不是一件容易的事。作为新妈妈，我们可能相信一种技巧，一分钟后我们就去阅读学习它，然后和其他不同的技巧互做参考。只是，我们并不习惯让我们的另一半知道这一切。因此，好意的爸爸们总是认为他的那些老经验非常有用，并且用我们说过的话来教训我们，"你以为你在做什么！"他们应该主动学习以求与时俱进，去读懂我们心声，可是，他们并没有。知道这一点非常重要，它告诉我们一个道理，我们要和爸爸多进行交流，告诉他你对他的期望是什么，他怎样才能够帮助你。

**他对自己伴侣身上所发生的事情感到非常困惑。** 孩子还未出生时，在某个时刻，你觉得自己坚强、兴趣满满、独立、满怀爱心、幸福到了极点。但是自从孩子出生后，在休息室不远的地方，他就开始感到疑惑了，你为什么会情绪不稳、焦虑不安，一个人在独自哭泣。他曾试图安慰你，但当你哭着说"你是不会明白的！"他只能默默地表示同意。对于那些在分娩后有心理障碍的母亲来说，大约50%母亲的伴侣也将会面临同样的问题。所以，当你需要帮助时，最好你们两个人一起去寻求帮助。

当你们都适应了新的角色后，你们两个人之间的关系仍会出现很多其他复杂的问题。为了让你幸福安逸，为了让宝宝开心快乐，要优先考虑你和爱人之间的关系，决不能把那些接二连三的家庭琐事摆在首位。你们二人出现了分歧，最好在愤怒的火苗刚出现时，就熄灭它，而不是对它置之不理，让两人间的矛盾转变成熊熊燃烧的怒火。你可以阅读本书第8章，那里有很多建议，可以让你保持冷静，当你们的关系出了问题时，让你保持克制。

## Top 10

# 如何摆脱雾霾情绪

Tips for mums duringbaby's first few months

❶ 孩子出生后，在你出现各种各样情绪和心理时（除了内疚外），要对自己抱有一颗宽容之心。只要我所做的一切事都在我的控制之下，就能保证孩子安然无恙。

❷ 在自己和宝宝的情感关系上，在你出现各种各样的奇怪感觉时，诸如瞬间的爱意、绝望感、敬畏之心、震惊、困惑等，也要对自己抱有一个宽容之心，

❸ 坚信自己所做的决定，自己以何种方式喂养宝宝，对我们来说，只需考虑到了自己生理和心理的需求。

❹ 要相信，无论分娩时，还是产后恢复期，我们身体所经历的种种过程，对自己而言都是独一无二的，任何其他妈妈的经历都不能拿来和它相比较。

❺ 我要不时地提醒自己，睡眠不应该被视为一种奢侈品，对我来说，它很重要，要优先保证拥有足够的睡眠。

❻ 要相信，为了要一个孩子，我们不断调整着自己，随之而来的，是激素和心理上的巨大变化。前一分钟还兴奋异常，下一分钟就觉得失望无比，这并不意味着我处于疯癫之中。但如果觉得自己的症状开始变得严重，就应该去寻求帮助。

❼ 应该意识到，成为一个妈妈后，那种全方位的自我调整常会让自己看起来变笨了，这是正常的，但要注意运用一些让自己平静下来的技巧以减少这些影响。

❽ 我要清楚，我需要自己的支援团队，以帮助自己应对育儿时所遭遇的各种问题，要学会去寻求自己身边的、网络上的或专业人士的帮助支持，以减少独自在家养育宝宝时那种孤独感。

❾ 自己和爱人间的关系难免有许多起起伏伏，因为在这个阶段，我们都正不断地调整自己以适应新的角色。对此，我不应斤斤计较，应多抱有谅解之心。但是不要因此就放任不管，要承诺尽可能地做一些事（要考虑到自己精力和体力的限度），

以保持两个人的关系在正轨上。

⑩ 我一定要仔细照顾好自己。对自己多加以鼓励，要主动去寻求帮助，不要让自己被金钱物质俘虏，在育儿这件事上不要事事追求完美，以免给自己带来压力，只做那些孩子真正需要我去做的事，让自己成为一个理智的母亲。

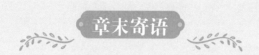

章末寄语

　　毫无疑问，你已经意识到，在育儿这件事上，还远没到那个可以去轻松惬意的阶段，就像到公园里散步那样。它更像一辆还没准备好上路的汽车，正在飞快穿越一片崎岖不平的旷野，令人感到狂躁、惊慌失措和疲惫不堪。可是，虽然有些莫名其妙，但我们还是征服了它。

　　我希望在某个时刻，你能对自己进行一下赞美，赞美自己每天所做的事情都是正确的——尽管还不完美。如果你还有精力，你还可以去赞美那些你能见到的其他妈妈。我们都应该保持尽可能多的积极性，来为自己增加动力，在这个被称作养育孩子的疯狂之旅上继续前行。


　　能成为一个母亲是我经历过的最好的一件事情，也是我生命中最艰难的一次考验。很幸运，我不清楚怀孕分娩究竟该是什么样子，如果我知道了它的艰难，我就不会去选择生一个孩子了。我学会了调节自我，尽管极其缓慢。上个星期，当我的孩子微笑时，我觉得这一切都是值得的。突然之间，在我的世界里，被自己认为是重要的事情，和以往完全不同了。

**麦蒂** / 两个孩子的妈妈

# 第2章

## 产后几个月
## 如何照顾好宝宝

　　我的孩子们一直都睡在我床边的一张小床上，直到他们六个月大的时候。事实上，当我的第一个孩子出生的时候，我们在地上铺了一张日式床垫，宝宝睡在他的小婴儿床里，紧挨着躺在地铺上的我。如果他需要，轻轻摇晃婴儿床或者抚摸他都是很容易的。孩子在我的身边，知道他是安全的，我就会很安心，而这正是作为一个新手妈妈所最想要的。

**希瑟** / 两个孩子的妈妈

## 1　怎样让自己的宝宝睡得香甜?

### 正常的睡眠是怎样的?

不要相信妈妈群中那些被展示出来的所谓的"睡觉超级宝宝",说他一天能睡上 18 个小时。上帝才喜欢做那样的把戏,在每个人群中安放一个超能宝宝,仅仅是为了让新妈妈们怀疑自己的能力。看一看图 1,这样你就会消除自己的疑虑了。任何一个宝宝能睡上 18 个小时都是不正常的(实际上,对于一到三个月大的婴儿,他平均每天能睡 13~16 小时)。所以,如果你的宝宝没有达到那个 18 小时的数字,你和宝宝都不能算作是一种自身角色上的失败。图 1 还显示了睡眠时间怎样随着月龄的增加而不断变化。

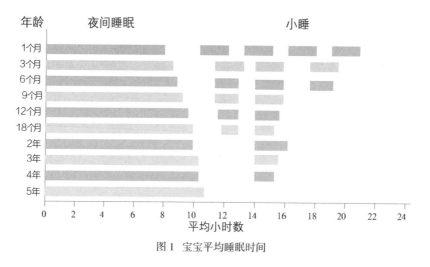

图 1　宝宝平均睡眠时间

不知道你有没有患过这样一种严重的焦虑,担心自己的孩子能否一觉睡到天亮,我是没有遇到过这样的妈妈,会去深度思考这个问题。通常情况下,都是妈妈群里的那个"明星宝宝"引发了我们对孩子睡眠的恐慌。只要一个成功的妈妈宣告她的宝宝美美睡了一夜,群里另外的妈妈们就感觉自己是一个失败者,就好像她们在考评妈妈的成绩单上看到一个红红的"F(不及格)"。

不要因此而灰心丧气。预测你的宝宝哪一天能够开始安睡一夜,就像预测他们出生时的种种细节一样,是极其复杂的,换句话说,就是根本不可能。原因有如下几点：

**每个宝宝都是不同的。** 在一次喂食中，每个宝宝所吃东西的量，有着巨大的不同，这将影响到两次喂食的时间间隔有多长，而这自然又对他们是否能够整夜睡眠有着影响。研究表明，六个月大时，大多数婴儿仍然会在晚上吃上一到两次东西，既然你仍旧在夜里起来给孩子喂食，那么其他的妈妈自然也是如此。

**每个母亲也是不同的。** 一个妈妈所认为的整夜睡眠和另一个妈妈所认为的并不完全相同，这就像分娩时每个妈妈对会阴撕裂的理解也大相径庭。有些妈妈会把婴儿偶尔醒来的时间，醒来等待喂食的时间，或者把所有喂食的 6 个小时，都算在整夜睡眠之中了。如果你按照这个定义，你可能会发现，你的宝宝比所谓的"明星宝宝"睡的时间还要长。

**适应外界环境所用的时间。** 有些宝宝很快就会适应，并有了这样一种概念，白天就应该醒着，晚上就应该去睡觉。而有些宝宝，等到天黑太阳快要落山了，他才开始活跃起来（当你怀孕时，你可能已经注意到了这一点）。

**也许你睡着的时候，宝宝是醒着的。** 大多数婴儿在晚上都会醒来，只是当时他们没有哭，而那时你在睡着，自然也不会去哄他继续睡觉，我们是不会注意他们已经醒了。目前，人们普遍认为存在着一种婴儿睡眠循环，就像图 2 显示的那样。这帮助我们解释了很多问题，为什么婴儿习惯于被人哄着睡觉，为什么喂食的时候他会打盹，为什么摇晃和拍打会让他睡着。通常情况下，这种循环会以 45~60 分钟为周期不停地重复。

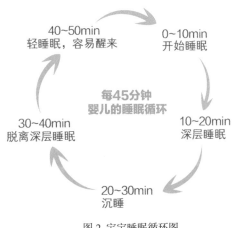

图 2 宝宝睡眠循环图

### 应该和宝宝睡在一起吗？

作为一个妈妈，能与宝宝一起睡觉，那可是人生中最美好的事情之一。我喜欢接近她，闻她的味道，仔细看她的小脸。当孩子六个月大时，如果我不在她旁边陪着，她就无法睡着。可我知道，当我们以后把她送到幼儿园时，她将会哭闹挣扎，我只能努力地处理这件事，设法帮助她在没有我时也能安然入睡。我希望自己能够早点完成这件事，一步一步地。

**娜塔莉** / 两个孩子的妈妈

我想，有一些重要的内部信息你应该需要知道，它是关于与婴儿合睡的。育婴指南和所谓的睡眠专家在很多方面都没有达成共识，就比如定义合睡究竟是怎样的一个概念。一些人坚持认为，合睡仅仅就是和孩子睡在一张床上。另一些人则把网撒得更大，认为合睡既包括同在一张床上睡，也包括婴儿床紧挨着妈妈的床，两个人各睡各的。

读了那些书后，你会觉得，如果你选择不去和宝宝合睡，那你就是一个令人讨厌的妈妈。而实际上，你很可能已经做了那件事，让孩子的婴儿床紧挨着自己的床。

经常有人问我，对于合睡，我的主张是什么。简单说，如果合睡是指宝宝睡在婴儿床上，又紧挨着妈妈，我持支持的态度。如果合睡是指妈妈和宝宝同在一张床上，我当然是反对的。有两个原因决定了我对这个问题的态度。

**从长远来看，它可能导致出现问题**。根据我的经验，如果这种情况持续超过一年，孩子很少有机会在没有你的情况下自行入睡，那么当孩子步入童年期，他很可能会变得入睡困难或很难进入深度睡眠，除非父母中的一个来陪他一同入睡。我就见过 10 岁大的孩子，他不能在自己床上自行入睡。以前我曾听说过这样的论调：这也太大惊小怪了，作为父母的职责，我们就应该陪伴他所有的童年时光，我们的职责就是帮助孩子获得安全感。你可以想一想，如果我们的孩子到了学龄期，当我们不能陪伴他入睡了，他就会持续地处于紧张害怕的状态中，那时他就无法获得所谓的安全感，相反，他会觉得自己身处危险。学校夏令营这些事，以后你就不用去考虑了，你不可能把它安排到孩子的日程中。所以在孩子人生第一年的某个时候，需要让孩子知道，即使没有父母的帮助，自行入睡也是一件可以做到的事情。

**这么做是危险的**。这一点不容忽视，大量的研究表明，合睡能显著增加婴儿的死亡概率（在一些研究中，竟增加了 20 倍）。我已经对很多这样的研究进行了仔细分析，尽管有些导致婴儿死亡的情况比较特殊，既有父母的原因（如过于肥胖，或是毒品和酒精的依赖者），也有睡眠环境的原因（如使用了枕头，或用的是躺椅，而不是一张床），但调查结果表明情况还是很严重。当孩子注意力集中的时候，婴儿猝死的概率是最小的。

以下原则是父母需要遵守的：

• 让婴儿仰睡。

• 让婴儿的面部不被其他东西覆盖。

• 父母在孩子出生前后停止吸烟。

• 创造一个安全的睡眠环境（合适的温度、硬床垫，等等）。

• 与父母共用一个房间，但让孩子睡在自己的床上。

我的孩子们一直都睡在我床边的一张小床上，直到他们六个月大的时候。事实上，当我的第一个孩子出生的时候，我们在地上铺了一张日式床垫，宝宝睡在他的小婴儿床里，紧挨着躺在地铺上的我。如果他需要，轻轻摇晃婴儿床或者抚摸他都是很容易的。孩子在我的身边，知道他是安全的，我就会很安心，而这正是作为一个新手妈妈所最想要的。

**希瑟** / 两个孩子的妈妈

这本书是写给所有的母亲的，如果你个人仍然觉得，同床而睡对你来说是很好的选择，那么你最好去遵循一些原则，它们是非常重要的：

• 确保你的床垫是结实的。

• 选择浅色的、低矮的婴儿寝具。

• 不要睡在沙发、躺椅或水床上。

• 让你的宝宝感觉温暖，而不是热。

• 宝宝睡觉时，不需要给他使用枕头。

• 永远不要让婴儿和蹒跚学步的孩子睡在彼此的旁边。

• 不要把你的孩子独自留在床上。

• 不要穿长度超过 20 厘米的带有蝶形领结的内衣，也不要给床装饰一些可以悬挂摆动晃动的饰物。

如果你出现了下面的情况，就不要考虑去和孩子合睡了：

• 你或你的爱人有吸烟的习惯。

• 你或你的爱人有喝酒精饮品的习惯，或者曾经有过对药物和毒品的依赖。

• 你感觉极度疲劳。

• 你的宝宝是早产儿。

此外，如果你打算和你的宝宝一起睡在一张床上，你必须对自己做出承诺，有一件事你必须去做：随着孩子年龄的增长，你要帮助他建立自己的睡眠习惯——在没有你陪在他的身边日子里。这样做对你和孩子之间建立良好的关系有很大的好处，你的孩子就能区别出，有些事情是妈妈必须做的，而有些事情是妈妈可以做但不一定非要去做的（同样的道理，你也能区分出孩子的要求，哪些可以答应，哪些不可以答应）。此外，从长远来看，我敢保证，这样做，你和你的孩子的睡眠质量都会变得更好。

但要提醒的是，不要因为读了本书所列举的那些注意事项，你就下决心去和自己宝宝合睡。在做出这个决定前最好多读一些书和多做一些准备。你可以去浏览一些其他介绍宝贝、睡眠、合睡安全等内容的网站。在你还没有最终决定和宝宝合睡之前，你可以去找护理人员和家庭医生聊聊，听听他们的看法。

## ② 对于喂养宝宝，你该做些什么？

新生儿至少需要每三个小时喂食一次。在最初的几周，新生儿在一天 24 小时之内喂食 6 ~ 8 餐，就足以满足他们的生长需要。这是一件好事，喂食的时间间隔超过了 3 小时，这就意味着，你可以考虑晚上多去睡上一小会。

对于妈妈来说，最好的喂养建议就是，可以尝试着把喂养餐次尽量安排到白天，那么夜间喂食的次数自然就会减少。需要注意的是，新生儿的吮吸能力不同（例如，出生体重较轻的新生儿和早产新生儿的吮吸力度就会低于其他新生儿），这将影响他们的进食量以及他们的进食速度。

无论你是用乳房喂养，还是用奶瓶喂养，你要记住吮吸动作对婴儿来说都是一种安慰。并不是每次宝宝把他们的嘴唇移向吮吸位置，都意味着他们想喝奶了，妈妈们就需要向他提供奶水。婴儿发出吮吸的信号，也可能意味着他被过度喂养或肚子感到疼痛。

正如霍华德 · 奇尔顿医生（儿科内科医生）在他的一本得意之作的书中所描述的那样，舒适的吸吮会导致宝宝"每半小时就会哀怨地请求吮吸乳房，因为他把乳房看成一个抚慰者"。然后他解释了这会产生怎样的后果：

**导致消化系统内乳糖过多**。这会让宝宝产生富含气泡的、爆发性的大便，以及放屁连连，这样，宝宝臀部的皮肤往往会被那些排泄物中所含乳酸所灼伤。结果就是：宝宝被误诊为乳糖不耐受，妈妈被告知停止母乳喂养，宝宝只能用无乳糖配方食品来喂养。

**导致胃部过满**。这会导致宝宝剧烈、频繁地呕吐。结果就是：宝宝被诊断为胃食管反流疾病 (GERD)，也就是我们所说的"呃逆"，而医生会给你开许多根本就不需要的药。

如果你是这样一位妈妈，几乎每小时就喂一次奶，如果你的宝宝没有去欢快地吮吸，反倒看起来很紧张痛苦，那么你就需要找到一个其他的办法让宝宝平静下来，而不是一再地给他喂奶，把自己的乳房或一个奶瓶当成万能的工具。

### ③ 如何应对孩子的啼哭？

在宝宝出生后的最初几个月里，一个婴儿平均每天要哭一到三个小时。对于那些没有孩子的人来说，这点时间看起来好像也不多，但是我们需要考虑另外两个因素：

• 考虑到婴儿一天大部分的时间都被睡眠和喂养所占用，那剩下来的时间可能大部分他都用来哭闹了。

• 你的宝宝持续不断地哭会影响到你的心理和情绪。

研究还表明，一些爱哭的婴儿看起来还应该得到祝福，因为他们有一个比较大的肺，两者互相匹配。加拿大的一位儿科医生罗纳德博士，在这个领域做了大量的研究，他把这样的婴儿称为高水平哭泣者。他的研究总结出三种类型的婴儿哭泣习惯，其概述如图 3 所示。

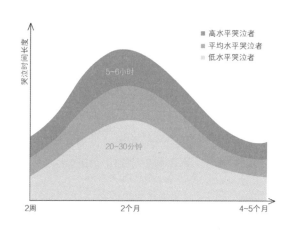

图 3 哭泣强弱图

这里有些事情需要注意。罗纳德博士没有在高水平哭泣者类别的旁边写下"失败妈妈"，也没有在低水平哭泣者类别的旁边写下"成功妈妈"，原因他很清楚，他工作时所遇到的几百对父母中，有一些了不起的、让人羡慕的父母，却有着高水平哭泣的孩子，而那些无所事事、碌碌无为的父母，却有着低水平哭泣的孩子。

罗纳德博士认为一个婴儿啼哭的时间，约占每天时间的 10%，即使是世界上最优秀的人来了，也不会有什么技巧让孩子不去哭。坦白地说，有时候，有

些东西会让孩子不哭,但那仅仅是个案,并不是每次都奏效。就是因为这个原因,我们想哄但又哄不好孩子,于是我们就会认为自己没有用,感觉自己非常无助,还完全没对育儿工作做好充分准备。

如果当你的宝宝啼哭时,你哄好的成功率是10%,而不是80%,或者当你的宝宝啼哭时,你茫然失措,不知该如何是好,你就需要明白以下事情:

**记住,哭是一种沟通交流的方式。**你宝宝的哭声并不一定代表着是痛苦的信号。哭是宝宝的第一种语言,只不过是他在出生的前几个月,使用了制造一些声音引起注意的一种方式。正如美国儿科学会认为的那样,哭是孩子一天中重要而自然的一部分。

**平息你自己内心的危机。**可以阅读本书第4章,以详细了解如何在宝宝哭闹时管理自己的情绪。

**制定一个计划。**一个哭泣的婴儿带给我们的紧张压力,会使我们的创造性消失殆尽,觉得自己什么事也做不成,所以要提前做好计划以应对这段比较麻烦的日子。

**在必要的时候寻求帮助。**如果上面所提的建议,还不足以使情况得以改观,可以去拜访自己的家庭医生或当地儿童健康护理人员,为自己孩子的哭闹问题寻求帮助。他们提出的一些方法,可能对你大有帮助。

## ④ 如何使用不同的安抚宝宝技巧？

每个人都有自己爱听的歌，每个人也都有能让自己心动的电影明星，同样，每个宝宝也都有他受用的安抚方法。

一般来说，安抚宝宝的基本原则是这样的：面临的情况越严重，采取的干预手段的级别就越高。对于那些轻微的不幸，就尽可能地采取那些最低限度的干预手段。所以，当你把自己的孩子放在他的小床上时，他有点躁动，那么可能一些摇晃和拍打就足够安慰他了。如果孩子非常紧张，你就可以采用其他更进一步的手段，包括抱起他，一直等到他平静下来，然后再开始其他例行的处理。

对于安抚宝宝的技巧，我已经建立一套十分有效的方法，它综合了许多东西，分别来自于：我工作时结识了许多母亲，从她们那里，我总结出许多东西；来自儿童健康专家，如哈维·卡普博士、安妮·格辛、贝丝等人的建议；一些诸如特雷斯利安（Tresillian）、卡里塔尼（Tresillian）等地方，那里所采取的一些地方措施。

**可以让你的宝宝感知一些事情，你要有规律地去做它，并把它和睡眠联系起来。**比如对白天睡眠来说，你可以用包裹把他包起来，给他读一个故事，放一些舒缓的音乐，或者选择房间中比较暗的地方温和地摇晃他。对于夜间睡眠，你可以为他洗一次澡，或者在一个熄灯的房间进行母乳喂食，这些都可以作为一种暗示，现在是该好好睡觉的时间了。

只要我一播放莫扎特的轻音乐，她就会知道现在该是睡觉的时间了。在把她放进她的小床之前，我会用包裹把她包起来，然后轻轻摇晃她，直到她迷迷糊糊地睡去，我才会离开她。这个办法很有效，现在她已经五岁了，我还在用着相同的音乐。

**罗斯琳**/两个孩子的妈妈

**了解宝宝疲惫时的身体信号。**这些信号可能包括：面部表情怪异，像做鬼脸似的，打哈欠、表情烦躁、吮吸、瞪视、不爱活动、头摆来摆去或把头转向一边、动作呆笨或变得更好动、握紧拳头、揉眼睛、扭动或哭泣。尽快对宝宝疲惫的身体信号做出反应，可防止宝宝变得疲惫和紧张。这样就可以阻止你的宝宝（和你）进入痛苦的状态，不至于要去花很大力气才能使他恢复平静。如果你的宝宝已经开始去建立他自己一整天的日常生活规律，那么你就能预测到什么时间他会变得疲倦，然后就可以去执行宝宝就寝的例行程序了（让睡眠联系行为的程序）。

我第一个宝宝的疲劳信号是如此明显。只要他一揉眼睛，我就知道我可以把他放到自己的床上了，他也会很快就能睡着。这真是令人难以置信的。我二儿子的疲劳信号就没那么明显。他看起来就好像是努着嘴嘟囔着什么。但至少我知道这意味着什么，他很快就会去睡觉了，而且一会儿就睡着了。

**希瑟** / 两个孩子的妈妈

**尽可能地让自己冷静下来**。我不知道是谁写的这句谚语："如果我不能平静，我的孩子又怎么能平静下来？"我非常喜欢这句话，它总是提醒我，还有我认识或工作中遇到的那些妈妈们，先让自己进入平静的状态，再试着去安抚自己宝宝。让妈妈们平静下来的方法有很多，这里我只告诉大家一个能快速让自己平静下来的方法，它曾给很多妈妈们带来过帮助。我称之为 B–I–R–P–S 法：

B（Breathe）慢慢呼吸，并集中精力呼气，当呼气的时候说"冷静"这个词语。

I（Imagine）想象着你正在处理这种局面，并以自己心中所想方式去处理，包括保持冷静和耐心。

R（Relax）放松自己的身体。为了能做到这一点，先绷紧身体，然后再放松，放松你的肩膀，然后，然后轻轻地旋转你的头。

P（Permission）如果你太激动了，你可以暂时不去理自己的孩子，抽出时间让自己重新平静下来。

S（Soothing）写一些话，用来安抚自己，诸如"我们可以熬过这段时间""孩子的哭泣是会结束的，可能需要一段时间，但它总会结束。每次都是这样"。

**用不同类型的包裹把自己的宝宝包起来**。的确，温和的压力能让宝宝逐渐平静下来（大多数孩子都会有这样的表现，也有一些宝宝讨厌这么做，如果宝宝讨厌，那不去包裹他就可以了）。

要记住，随着时间的推移，对包裹法的使用，要逐渐减少，因为即使不使用它，我们的宝宝也已经能稳定地适应他眼中的世界了。从安全的角度来看，当婴儿开始能够打滚，并试图挣脱束缚他的包裹时，可能存在着婴儿被卷入包裹的危险。因为这个原因，许多育儿专家（包括卡里塔尼）建议，婴儿4～6个月大时就不要再使用包裹了，可以用其他方法代替，如用婴儿的床单把宝宝结实地卷起来，或者使用婴儿睡袋。

**让你孩子侧卧或者俯卧。**很多妈妈都告诉过我，如果不让孩子侧躺着，她们的孩子根本不会安静下来。这种情况很常见，基本上可以认为是，这种身体姿势是孩子在模仿他在子宫时的身体姿势，他习惯并喜欢这样，这可以引发他的条件反射，让自己安静下来。与此相反，让孩子平躺着，背部着床，有时可能会引发他的坠落反射，这会使他感觉不安全（千万要记住，为了安抚孩子，让孩子侧躺仅仅是一个暂时性的方法，一旦你的宝宝平静下来，仍然需要给孩子翻身，让他平躺着入睡）。

当我的孩子很紧张的时候，唯一能让他平静下来的方法就是，替他翻身，让他侧躺着，然后一遍又一遍地轻拍他，偶尔在这中间还需要轻轻地抚摸一会。后来，当他安静下来的时候，我就逐渐放慢了拍打他的频率，只是把手放在他的身上，一直到他开始入睡。然后我蹑手蹑脚地走出房间，像一只老鼠那样安静，以免他被我吵醒！

**艾玛** / 一个孩子的妈妈

**发出一种柔和的嘘嘘声。**这样做能让孩子想起他们在你子宫里时听到的声音（不过要记住，对于你的宝宝来说，子宫里的声音可能像一台工作中的吸尘器那样响亮）。卡普博士建议，当你发出嘘嘘的声音时，最好把嘴放在离宝宝耳朵5～10厘米的地方，并且确保声音足够大，尤其是在宝宝啼哭时或者他不愿意听时。这看起来有点奇怪，宝宝不会觉得你在对他说闭嘴，而是觉得你在告诉他，你正在这里帮他应对他的痛苦，以一种他们能听得懂的语言。

我会对我的孩子说很长时间的嘘嘘。这样做就好像是在告诉我们两个，我们都要安静下来。嘘着嘘着，就开始变得像唱歌一样。我会抱着宝宝四处走动，有韵律地摇晃他，只是嘘嘘声一直不变。虽然这看起来有些无聊，但它却是我为宝宝找到的一个最有效的方法——用"歌舞"建立与睡眠的联系。

**珍妮** / 两个孩子的妈妈

**采用某种形式的温和运动。**要记住，除非我们坐下来，在我们的子宫里的宝宝，也会像我们一样到处移动。所以，我们可以抱着宝宝有节奏地进行某个动作，他就能感受到他在子宫里时的那种振动，并以此引发他们的条件反射，开始变得平静。你可以一只手侧抱着宝宝，另一只手轻轻地摇着婴儿床。如果需要的话，你可以双手抱紧宝宝，轻轻摇晃他，直到他开始安静下来，但需要注意的是，如果此时他还没在你怀里睡着，千万不要想着把他送到床上。

有一天，我告诉我丈夫，他需要负起照顾孩子的责任。我教他如何摇晃睡床以帮助女儿入睡。他对我说，应该去找一个更轻松一点的方法，因为那个睡床实在是太重了（好像我没有感觉到），第二天，他在睡床的每条腿下面，都安装了一个轮子。这真是一个好办法，不一会，我的女儿就睡着了。

　　　　　　　　　　　　　　　　　　　　　　　　　　　　**米歇尔** / 两个孩子的妈妈

**让宝宝吮吸一些东西。**因为吮吸动作也会引发平静反应，每当宝宝啼哭时，很多妈妈都会得到一个建议，去喂一喂宝宝，他就不会再哭了（喂食宝宝的具体细节参加上一章）。对于一些母亲来说，这个办法是可行的，但对另外一些母亲来说，却可能会引发一个灾难性的问题，这个问题对妈妈和宝宝来说都是长期性的。可以换一种形式，让宝宝吮吸自己的手指或者其他仿制品，可以引发他的平静反应，使得宝宝得到安抚。要强调的是，这么做的目的，不是通过这些东西（包括自己的乳房）来让宝宝睡去，它们仅仅是用来安抚宝宝，然后再用其他的方法哄孩子入睡。

**记住，你的孩子在过去的 40 周里一直处于黑暗中。**对孩子来说，让他们去明白日与夜是怎么回事，就像是让我们去搞清孩子各种各样的哭是怎么回事，绝不是一件容易的事。如果要想让他们明白，我能想出的唯一方法就是让他们晚上多睡觉，白天少睡觉。开始的时候，可以采用睡眠、喂食、玩耍三者相循环的办法，这是基本的过程，必不可少。白天时选择一个明亮的地方给宝宝喂食，然后马上让孩子多做一些活动。与此相反，如果宝宝在夜间醒来，让他的活动量尽可能保持在最低限度。相应地，你在暗处喂食宝宝，就不要再和他玩耍了。这样，你的小宝宝就会开始觉得，一到晚上，你就会很无聊，他也只能去睡觉了。

/ 注意 /

　　一些专家警告，不要在晚上和宝宝进行眼神交流，但这要视情况而定。如果你和孩子的眼神交流一直存在问题，那么我建议你就不要那么做，但是如果你和孩子的眼神交流一直很顺利，那么你贸然地减少它，就可能会导致出现其他问题。在任何情况下，喂食时尽量保持房间黑暗，就可以有效地预防很多问题出现。

## 亲密育儿法的利与弊

好像有很多母亲正在使用"亲密育儿法"（AP），这种方法对我们的孩子来说，是一种最好的选择吗？

大体上，亲密育儿法是美国儿科医生威廉·西尔斯博士所提出的一种育儿方式，它提倡合睡和按需喂食。支持这种方法的妈妈们，会经常在宝宝醒着的那段时间，使用婴儿吊带把他带在身边，以时刻保持自己和宝宝的亲密交流和接触。在宝宝出生后的前几年，这些妈妈会一直坚持这么做。

听起来是不是好像很有趣？我想态度鲜明地说，这个方法可能并不会受每个妈妈欢迎，而且也不是每个妈妈都能去做到的，那么，我自己认为它是一个抚养孩子的最好方法吗？坦率地说，我的答案是——不好吧，反正不会是这种极端的方法（我不提倡任何极端的育儿观念）。

作为父母，我们需要对我们的宝宝做出这样的行为和举动，它可以产生互动，它可以在情感上互相关联，而这能够使宝宝产生安全依恋。可是，我不相信那些极端的亲密育儿法（AP）倡导者的话，他们说自己的方法是唯一一种可以让孩子获得这种安全依恋的方法。绝不是这样，事实上，我在工作中，已经将这种方法应用在一些案例里，它会导致一种矛盾的依恋关系——因为父母害怕与孩子分离，使得孩子也害怕与父母分离。

让我们来听听那些还不太极端的亲密育儿法拥护者的意见，她们认为每个女人的情况都是不一样的，如果你非要采用这种方法来育儿，对那些人工喂奶的妈妈、职场妈妈，不愿也不能和宝宝合睡的妈妈，那么你只能想尽一切办法去适应了。正如英国亲密育儿法网站所宣传的那样："采用亲密育儿法的家庭，可以通过合睡、婴儿吊袋装或母乳喂养等方法，获得很多好处，但这些方法也不是必须要用的。只有具有高度情感反应能力的父母才适合使用。"

如果你是单身父母，你肯定会不假思索地做出决定，我可不想成为什么亲密育儿法的拥护者！如果你多读一些亲密育儿法提倡者的书，你会发现他们主张对孩子所有的举动都要高度反应，以孩子的意愿为中心，他什么时候想吃、想睡、想玩，你就照着他们的想法来（听起来好像是亲密无间）。他们还主张，只要孩子一有问题了，就马上做出反应，也主张合睡（让婴儿床紧挨着妈妈的床）。不过要注意，极端的亲密育儿法可能会让宝宝产生依赖性，尤其在日常生活和应对宝宝啼哭时，过度运用亲密育儿法，长大后则可能会让孩子形成回避型的依赖性人格——他不知道怎样去管理自己的情绪，因为没有人会永远帮助他处理这些问题。

有一些理性的健康专业人士，就亲密育儿法与常规育儿法之间的优劣，展开了激烈的辩论。首先，有一些支持亲密育儿法育儿原则的人，他们清楚地表明，一个紧密的依恋关系不仅仅是一个简单的公式，只要一周 7 天、每天 24 小时待在一起就行了。其他人，像伊恩博士、詹姆斯·罗伯茨等专业人士，他们建议，与其让亲密育儿法作为一个整体变得更好，倒不如让该方法的某一方面，在婴儿不同阶段，进行不同的应用。在婴儿的前 12 周里，对他们的行为举止高度地回应，对于安抚婴儿来说，效果会更好，但是在 12 周后，在某种运动与睡眠之间建立联系，以及温和地亲密接触，对于安抚婴儿来说，则效果会更好。实际上，他的观点是，没有这些温和的过渡，可能会导致婴儿在夜间不断地醒来。

那么，我在这个问题上的最终立场是什么呢？就我而言，显然是选取每种育儿方式中合理的那部分，但如果这样的话，大家都认准一个东西，我想，许多父母的育儿行为最终都会变得极其相似。所以，我们还是不要去挖空心思地去证明，哪个更好或哪个更差。只要我们自己成为一个感觉敏锐、富有爱心的父母，无论哪种育儿方式都会适合我们和我们的孩子。最好的育儿方法应该具有如下特点：

· 使你觉得自己作为一个人，有存在的意义。

· 在孩子该如何抚养这个问题上，反映了你的理念。

· 在怎样才能满足孩子对正常依恋的需求的这个问题上，反映了你的理解。

**/ 警告 /**

在我们的内心深处，都有这样一种认识：几乎所有的妈妈，她们为孩子所做的事，在她们自己看来，都是最好的事，看起来也是最有用的事。除非妈妈在做的事情对孩子来说是很危险的，否则我们旁人最好就不要说三道四。你要把注意力集中在自己的孩子身上。

　　我对亲密育儿法是百分之百地愿意接受，可结果却是，我现在每个晚上只能睡两小时，我好像是在自寻烦恼，觉得我的孩子整个晚上都需要去抚慰、去看护，如果我不去做，感觉就在伤害他。第二天我感觉筋疲力尽，动不动就哭，我的耐心现在几乎是零。后来，我们把他放进了房间里的摇篮车里。我的那种无时无刻、无微不至地照顾孩子的念头消失了，我是一个糟糕的母亲吗？是的，绝对糟糕。

**达西** / 一个孩子的妈妈

## 制定日常生活计划的原则

在宝宝出生的第一年里,制定日常生活计划对我们保持头脑清醒绝对是必要的。这样,我们能够预测宝宝什么时候睡觉,能睡多长时间,使得我能够为自己制定一个日间生活计划,特别是如何安排自己白天小睡的时间。我美慕那些能顺其自然的父母,但对我来说,一个日常生活计划让我的头脑更为清醒。现在我的孩子们都在上小学,尽管我的时间计划表对我们家庭生活的正常运转仍然很重要,但我已经对那些格式化的安排有些松懈了,我能更轻松地应对生活中发生的意外的事。

**皮帕** / 两个孩子的妈妈

每个妈妈都应该根据自身的情况制定出符合自己的日常生活计划。一些妈妈的生活安排比较简单,也不太明确,仅仅也就是为宝宝进行睡前准备、哄哄孩子什么的,而另外一些妈妈则会制定一个详细的生活安排,细化到每个小时都该去做什么。

更清晰明确的生活安排计划确实适合一些父母和他们的孩子,但对更多的父母们而言,则恰恰相反。原因也很简单,为宝宝制定一个详细烦琐的生活安排计划,也就意味着你要被这个计划所左右,被捆住手脚。所以,如果你不能认同每一天的生活都被格式化,那么你就应该避免这种育儿方式。

如果你是一名爱刨根问底的母亲,下决心非要找到关键证据,一个明确的日常生活计划到底是有用还是没有用,很不幸,这个问题没有答案。一项规模最大的、关于婴幼儿日常生活安排的研究发现,它对一些人是有效的,对一些人是无效的,而对另一些人来说却让情况变得更糟糕。研究人员得出的结论是,那些所谓的计划之所以行不通,其根本原因就是,所有的计划都没有考虑到一个现实,我们是人——人是很复杂的。意思就是说,任何两个母亲和她们的宝宝的情况都不可能相同,她们生活的环境也不可能相同。有时候,我们花了大量的钱用于某些研究,而研究结果所带给我们的结论,却又是那么显而易见。

/ 警告 /

**安抚宝宝时，应注意以下几点：**

（1）不要总是靠近一个高度紧张不安的宝宝。唯一的解释就是，当你紧张不安时，如果你离他远一些，宝宝才会感觉更安全。

（2）控制孩子的哭泣。对6个月以下的婴儿，我们不提倡放任他长时间地哭泣。虽然澳大利亚婴儿心理健康协会明确表示，对于小婴儿来说，放任他哭泣不是一个好的选择，但这并不意味着，当我们的宝宝年龄变大时，就可以放任他了，我们就不能使用安抚手段。

（3）一些因素，诸如疾病、出牙期、宝宝生活环境变化（如你重返工作或孩子开始进入幼儿园）和正处于发育阶段等，能显著地增加孩子的不安情绪。在这个时候，多与孩子亲近，采用其他一些安抚方法，有助于让孩子平静下来。

（4）如果你认为宝宝饿了，就给他们吃些东西。有这样一种观点，如果你的宝宝看起来需要吃些东西，可以在两个正常的餐次之间加上一顿餐。

## 循环育儿法：睡眠 / 喂食 / 玩乐 /

自从了解这种循环育儿法之后，我的头脑就清楚多了。也就一两天的时间，它就起了效果，自从那时，我的生活就与以往完全不同。如果在我带孩子回家之前，在医院里有人教会我这个方法，那我的生活早就完全大为改观。我把这个方法推荐给了很多新妈妈。

**曼迪** / 一个孩子的妈妈

对孩子是有求必应还是有所管控，在两者的平衡上，可以参考图4。我估计，在我工作中遇到的那些妈妈里，大约有80%的妈妈可以以"循环法"（如图4所示）为核心，来构建和提升自己的育儿技能，这样，她就能获得她所想要的几乎所有的育儿技巧。

实际上，喂养、玩乐（为睡眠做准备），然后睡眠，这种日常生活安排流程，是任何年龄的婴儿每一天的主要生活形式。

这套育儿理论及其方法，无须过多解释就能了然于胸，而且相对简单，便于应用。简单说，它的意思是：

- 当宝宝睡过以后，当他醒来时给他喂食。
- 在一次喂食之后，与宝宝一同玩乐。
- 在玩一会之后，就开始为睡眠做准备，意思就是，把清醒的宝宝放到床上。
- 在为睡眠阶段做完准备之后，宝宝的睡眠就开始了（注意，不是在喂食之后）。

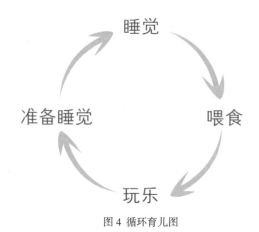

图 4 循环育儿图

以我的经验（以及一些研究数据）来看，在没有我们帮助的情况下，相比于熟睡，在婴儿清醒时把他放到床上，更可能让他安静下来，也会让他的睡眠更长且更连续。但这并不意味着我们就可以离开婴儿，让他自己哭着，直到慢慢睡去。婴儿若这样睡去，这种睡眠也不会是循环法的一部分，它仅仅意味着，当婴儿想睡时，我们只是把他放在了床上而已。

不过要注意，应用这种方法时，也有一些例外情况。

•在夜间，婴儿应该在足够清醒时才可以喂东西，灯光也应该较暗，并且在喂完东西之后，直接放回床上继续睡觉。

•在宝宝出生的前几周，如果你的宝宝不太活跃，爱睡觉，你也困惑于应该怎样制定一个宝宝日常生活流程，这时，宝宝在一次喂食之后直接就去睡觉，你也不太要紧张。我的建议是，宝宝出生大约4周之后，你可以尝试着使用如图4所示的循环育儿法了。

当你的宝宝突然间变得超级疯狂时，似乎只有在给他吃了一点东西后他才能静下心来去睡觉。从长远来看，以这样的方式促进宝宝睡眠，谈不上有什么好处。但是如果一次快速的喂食就能使宝宝安定下来，只要他不是每次都坚持不喂饭就不睡觉，那你也不必过于担心。

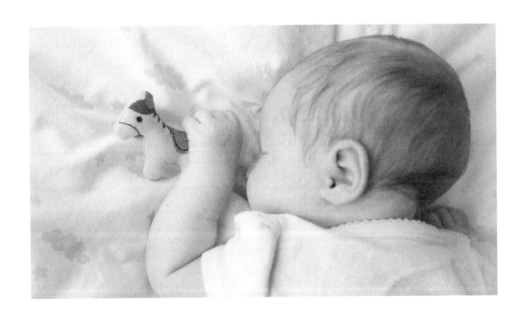

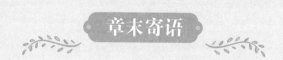

章末寄语

如果你在最重要的四件事情（哄睡、安抚宝宝、喂食、应对宝宝啼哭）上做得很好，那么作为一个母亲，你可能就会心情愉快、情绪饱满。如果你刚刚开始着手处理这些令人棘手的婴儿行为，那么我希望这一章会对你有所帮助：

（1）如果你总是期望孩子能够做到有些不切实际的事，那你则要降低对它的期望值，就比如让孩子在 4 周大的时候就能去睡一整夜的觉，这种期望还是让它远离自己。这是一个不错的想法，只是不太可能……

（2）你要接受这一点，如果你安抚宝宝的技巧不能每一次都起作用，即使起作用了也不算 100% 的成功，那么你也不是一个失败者。每个妈妈都像上战场一样在努力地安抚宝宝，这种情况太常见了。根本就没有一种安抚技巧每次都能奏效。

但是，我需要强调，永远不要忘记，你如何安排自己的饮食、睡眠（每天至少 8 小时）、娱乐活动和精神生活，这对你照顾宝宝的能力有着巨大的影响。你的需求，同样也是宝宝的需求。将自己伪装成一个女超人并忽视自己的需要，将会使你迅速失去热情，掏空自己。照顾你自己就是照顾你的孩子。

我建议，如果新妈妈觉得自己的生活已经失去了控制，就去寻求他人的帮助。孩子们也不需要这样的妈妈。有许多其他的方法可以改变你那漫长的育儿生活。现在我觉得我可以成为一个慈祥有爱的、积极乐观的母亲，就像我以前想象中的那个样子，而不是成为那种情绪崩溃的母亲。

**乔迪** / 两个孩子的妈妈

第3章

快乐身心
远离不良情绪

任何一个母亲，包括我自己，都会告诉你，我们孩子的健康是我们生活中最重要的事情。我们都希望孩子成为各方面的冠军，但让自己成为一个强而有力的妈妈，则是你给孩子最好的一个"冠军"。

**贾丝明·惠特布莱德** / 拯救儿童国际组织首席执行官

有很多次我都不想去做一个母亲。如果我在生孩子之前就知道一个母亲的工作是这样，我就不会想着去成为一个母亲了。我喜欢也想要一个孩子，但我从来没有意识到现实有多糟糕。

**梅尔** / 两个孩子的妈妈

我们是怎么才变成这种样子的？我们中的许多人都发现自己已处于迷失、孤独、丧失信心和害怕的状态之中。作为妈妈，很多人也同样深陷这种状态之中。只要你留心周围，你会发现，我们都把自己隐藏于化妆品、假意的微笑、最新款的婴儿车或奇装异服里，也希望别人相信，自己已经拥有了这一切。

那么我们该怎么做呢？尽管我们都很想体验生活的美好，但它并不会因为我们去想就会自动到来。如果不经过努力，就去期望美好的生活马上到来，像经由细胞分裂，我们的宝宝奇迹且快速地诞生那样，是不可能的。就像我们的宝宝，我们自己也都是独一无二的，这意味着你需要知道什么样的育儿技巧才真正适合自己。如果，一次新兵训练营的经历让你感觉良好，就没有必要到瑜伽课上去体悟禅意。

那些能带来轻松愉快的东西似乎看起来难以捉摸，但却并不难以寻找。只要我们关注了这样几个关键领域，并采取行动，那种良好的感觉就会向我们招手致意，不请自来——

（1）身体健康；

（2）心理健康和情感状态；

（3）社会支持。

在这一章中，身体和心理 / 情感等因素都可以发挥它们的作用，它们会为你的生活带来希望的光亮，照亮你的黑暗时刻。

社会因素涵盖了我们的主要人际关系：那些令人棘手的婆婆、我们自己的母亲、我们的女友闺蜜，以及我们和爱人之间的关系，相应的那些内容都在第6、第7、第8章。要记住，能否在身体和精神上照顾好自己，对你能否处理好人际关系，是所有的选择中的那个最佳选项。

## 改善情绪的常用方法有哪些？

### 1. 运动起来

在我最艰难的日子里，通过行走我拯救了自己。我只是一次又一次地行走，即使在雨天，有时我也披盖着雨衣推着婴儿车在行走。这让我有事可做，让我可以离开房间，让我可以看见其他的成年人。它提醒我，我仍旧有着自己的一个世界，在那个世界，可以不必围绕着换尿布、母乳喂养和宝宝哭闹这些事情转来转去。我需要那样做。

**休** / 两个孩子的妈妈

你要记住一个名为"生命在于运动（Life. Be in it）"的电视广告说的一句话，请离开你的沙发。我也打算加入这个行列，轻轻地扯下你手里的那包薯片，然后礼貌地把你从沙发上挤下去。在疲惫的一天结束时，作为一个母亲，你不能把一件重要的事情忘到脑后：锻炼已经一次次地被证明是提高我们情绪的最有效方法之一。

如果你打算开始运动，下面这些建议不可不看：

**首要原则：不要对身体造成伤害**。这实际上就是说，你的身体为此做好准备了吗？这取决于你的分娩情况，你是否进行过剖宫产或外阴切开术，是否有轻微的会阴撕裂。如果有这些情况，要花一段时间去康复。四到六周通常是一段合适的时间，但要听听医生的意见，并视宝宝的情况而定，什么时候可以开始运动。

**每周运动时间的目标是 30 分钟**。要尽自己所能，每天都出去运动，但如果你一周抽出几天时间，每次连续运动上五分钟，那就更好了。记住，有活动总比没有活动好，多活动总比少活动好。

**踱步，并使用计步器**。在走廊里散步可舒缓自己内心的狂躁，有助于身体保持健康。可以系一个计步器或健身追踪器，或下载一个健身追踪 APP，你一定会惊讶于自己走动的距离竟然这么远。如果你在舒缓情绪时，一次能走上超过 10000 步，那么意味着你已经从情绪危机中冷静下来，并且完成了一天所要进行的运动。

**化身为一个技术通**。有一些非常不错的手机应用，可以记录你的锻炼情况，并让你保持激情。如果在某些日子里，你总是把自己的脚搭在沙发上，而不是踩在健身脚踏车的踏板上，那么这些应用就会给你发送提醒，并给你送来鼓励。

**寻找一个伙伴**。与一个女友相约一起锻炼。对别人说"不"，比给自己找个借口更难。研究也表明，和自己那些已经做妈妈的朋友一些交谈，对我们的情绪健康大有好处，而且如果是在散步时一起群聊，我们的思维就会变得更加活跃。

**动动鼠标去上网，顺便运动一下手指**。用谷歌搜索一下，看看本地是否有一些有氧健身操和母婴瑜伽学习班。通过这种方法，你就可以把锻炼和结识有同样兴趣的新朋友结合起来——最后，你还能找个借口向她要一杯咖啡。

**不要因孩子的哭泣而停止散步**。你可以想想，当你散步时，路过你身边的那些人，仅仅只能听到你孩子五秒钟的哭声，就更不用说，你走得更快的时候。所以，可以把孩子的哭声作为一种动力，加快行走的速度！

## 2. 选对食物吃出快乐

有些妈妈认为，宝宝的啼哭一定与自己的饮食有关。事实上，没有证据能证实你的这种猜想（除非你的宝宝患有某种类型的乳糖不耐症）。但是如果因为你的原因，而使得自己的饮食与宝宝的眼泪之间建立了某种联系，那么你就该对自己的饮食时刻保持关注，就像关注国际局势一样。这意味着，对自己不感兴趣的那些东西，你却不得不要去关注它、研究它。这一点也很好理解，但是如果你想通过饮食来缓解焦虑或摆脱抑郁，那就显得不明智了。

虽然我不确定，一份奶酪蛋糕和热咖啡饮食是否会对我们的身体和情绪产生作用，但我还是相信了。当我开始把关注的重点放到那些美味的食物上时，一切都开始好转了。

**朱莉** / 一个孩子的妈妈

下面的表格概述了产后最佳的饮食方式，它可以让我们获得最大的身心健康。它回顾了最新的研究成果，并结合知名机构所提出的建议，可谓是一个终极定论。你很快就会发现，凡对我们有好处的东西，对我们的孩子也有好处。当宝宝断奶的时候，如果你没让他去吃高糖、高盐、高度加工的婴儿浓汤或含有咖啡因、酒精的婴儿脆饼干，那么你就做对了。同样的这些食物，在对成人的饮食建议中，也受到了强烈的批评，被认为是不健康的。

　　把下面的表格复印一下，然后贴在冰箱上，这样你就可以对自己的身体健康和情绪负起该负的责任。很有可能，同样的饮食计划也会对你的外部健康产生积极的影响。

### 食物选择指南表

| 食物类型 | 温馨提示 |
| --- | --- |
| 多吃蔬菜、豆类和水果 | 许下你的承诺，蔬菜是你的永爱！英国一项庞大的研究证明了我们已经知道的事实：每天吃大量水果和蔬菜的人的幸福感和心理健康水平更高 |
| 多吃谷类食物，最好是全谷类食物 | 全谷类食物和大多数水果、蔬菜和豆类升糖指数都较低 这就意味着这些食物中的碳水化合物是被慢慢吸收到血液中的，这有助于稳定血糖，使身心都达到最佳状态 这也意味着它可能有助于消除新妈妈综合征患者的感伤情怀 |
| 包括高蛋白食物，如瘦肉、鱼肉、禽肉和／或替代品 | 在你的饮食中应包括高蛋白食物的理由：<br>　　它们所富含的氨基酸，是修复和构建新细胞的必需营养素（可以抗衰老），一种被叫作色氨酸的必需氨基酸被用于制造血清素（大部分抗抑郁药的特有成分）<br>　　它们能预防铁缺乏症，铁缺乏症能导致贫血、疲惫和情绪低落<br>　　富含油脂的鱼类，如金枪鱼和鲑鱼等，是长链、omega-3 脂肪酸的优质来源。每天摄入大约 500 mg 就可以有效预防各种疾病（有一些证据表明它能减轻抑郁症症状） |
| 喝大量的水 | 大量饮水有助于预防脱水，即使是轻度缺水也能影响情绪，导致愤怒和坐立不安 |
| 食用乳制品，包括牛奶、酸奶、奶酪和／或替代品 | 在哺乳期缺少母乳的情况下（这是一种奇怪的想法，真的），乳制品是一种非常好的、可即食的、营养丰富的替代食品。低脂牛奶在你尝试减肥或保持体重时，是一种理想的食品。牛奶也是色氨酸的优质来源，色氨酸可以抗抑郁（见上面）。睡前喝一杯温牛奶也能促进睡眠——让我们干杯（当然，是装牛奶的杯子） |

**续表**

| 食物类型 | 温馨提示 |
|---|---|
| 限制加工食品的摄入量 | 如果你想知道一个鸡肉汉堡，鸡肉只占它重量的50%（大豆、添加剂、小麦粉、乳化剂等则是其余组成部分），它对你的身体是否有益，那么研究已经很明确：一份包含大量加工食品的饮食会导致更高的抑郁症患病率。所以，要想保持头脑清醒，要多吃一些天然食品 |
| 限制饱和脂肪的摄入量，同时保证好脂肪的摄入量 | 事实上，我们也需要一些饱和脂肪，你会在瘦肉和乳制品中得到足够的量 相反，好的脂肪（也即单不饱和脂肪）通常对健康十分有益，比如更好的心理健康和认知功能。可以多吃些植物种子、坚果、鱼肉和鳄梨 |
| 如果你饮酒，限制你的酒精摄入量 | 酒精是一种镇静剂，这意味着大量饮酒会导致抑郁或使原有病情恶化 可以换一种口感更好的饮料，无酒精鸡尾酒是一个不错的替代选择 |
| 只食用适量的糖以及添加了糖的食物 | 许多高糖食物不但缺少必需营养素，它们的饱和脂肪含量也通常很高，这会让血胆固醇升高，让体重快速增加 在升糖指数上，它们的数值也很高 这种高升糖指数的食物，会使糖分（葡萄糖）快速地被吸收进血液，导致血糖含量瞬间升高，使你精神饱满，然而这种效应很快就消失，让你感觉疲劳、情绪低落 |
| 限制咖啡因的摄入量 | 对于那些体验过焦虑的人来说，避免摄入咖啡因是明智的 咖啡因，尤其是对那些对它特别敏感的人来说，会增加焦虑，并在我们最想睡觉的时候阻止我们入睡 选择不含咖啡因或半强度的饮料 |

### 3. 睡眠是重中之重

我丈夫一直抱怨我失去了性欲。我告诉他，我的性欲连同自己的睡眠和头脑是一起丢失了，你要想把性欲找回来，就把它们一起找回来吧。

**丽贝卡** / 三个孩子的妈妈

如果有人告诉你，睡个好觉会让你感觉更好，那么他不会因此获得一个教授的头衔，的确，你我都知道，这是一个常识。我还记得，我对妈妈群里的一个母亲非常妒忌，因为她宣称她的孩子整夜都在睡觉。我当时真想扔一个湿尿布给她。

但是，你知道吗，如果几周或几个月的时间睡不好觉，实际上就可能产生与产后抑郁症类似的症状。你的情绪也有可能迅速地低落。那是因为缺觉会产生压力。实际上，它对大脑的影响与应激反应是一样的：大脑中管理逻辑、理性、决策的区域（即前额叶皮质）开始受到抑制，取而代之的是管理逃离或战斗的区域开始兴奋。这也就是为什么在我们睡眠不足的状态下，我们更有可能选择一场战斗，或者只是想逃离一切。

当我的孩子4周大的时候，一个好心的临床护士暗示我有抑郁症。事实是，我只是极度缺乏睡眠。的确，没有一个好的睡眠，你什么事都干不成。

**皮普** / 两个孩子的妈妈

为了避免你轻微的睡眠问题发展成严重的心理问题，下面有一些技巧你可以一试。

**不仅仅关注睡觉时间长度。**高质量的睡眠并不一定就是长时间的睡眠，它应该要有医生所说的那些深度睡眠或梦中睡眠。大多数深度睡眠发生在入睡后的前5个小时。即使你只睡4到5个小时，你仍然可以得到和睡8到10个小时的人一样的深度睡眠。

**把你的婴儿车拿出来，掸掉你耐克鞋上的灰土，准备来一场运动。**经常锻炼可以改善你的睡眠，但要避免在夜间做较为剧烈的运动，除非它是重复了许多遍的安抚宝宝的一种形式。

**只在床上睡觉。**如果你在床上进行了阅读或做了很多其他活动，那么你的大脑就会对床的用途感到困惑。试着在别的地方进行阅读或做其他安静一点的活动，以放松自己。

**睡不着就起来！**看起来似乎有点奇怪，但是睡眠专家的一般建议是，如果你睡不着，就不要躺在床上。如上所述，当你在床上花了好长时间也睡不着的时候，你的大脑会感到困惑，所以你可以起床，做一些放松的活动（填字、淋浴、编织，等等），一直等到困意袭来。这时，再回到你的床上，尝试着重新入睡。

**如果你打算睡觉，你的大脑首先需要做出判断，这样做是安全的。**如果你此时呼吸急促，肌肉紧张，那么你的大脑认为面临着潜伏的危险。你可以使用本章所介绍的呼吸和放松技巧，让自己不堪重负的身心平静下来。

**在做瑜伽的时候吟唱 OM**（注：一个神秘的音节，被看作最神圣的符咒，出现于大多数梵文吟诵、祈祷和文章的开头、结尾。是所有唱颂中最有力量，也最能抚慰人心的一个，可依个人当时的心情，发出不同音阶的 OM）。你可以使用本章所介绍的冥思和正念技巧来放慢你的思绪，专注于眼前这一时刻，或者尝试一个瑜伽课程，并与可让人平静 OM 唱颂结合起来。如果我们时时刻刻都在抱怨今天和担忧明天，那么睡眠就是一个不可能完成的任务——我们的大脑会认为我们有太多的生活压力，需要保持清醒来处理这一切。是让你的大脑休息，还是迎接一个不安的夜晚，这取决于你自己。

**自言自语时，换一换内容。**要记住：研究表明，一旦你彻底地进入了冥思状态，你的大脑就会非常容易从这种冥思状态转为实际的睡眠。所以，我们没必要进行那种抱怨批评的自我对话，比如，"我必须睡觉，否则我明天什么都干不成了"。与此相反，你可以说，"我可能无法入睡，但冥想是个不错的选择"。

**认识你自己！**弄清楚是什么让你产生了兴奋，并下决心把将它抛到一边。如果是咖啡因、巧克力或含糖食品绷紧了你的精神，那就在中午以后避开它们。如果你是一个看什么都不顺眼的人，经常被一些新闻报道惹得生闷气，或者被自己微博上的人惹得心烦意乱，那么在睡前一小时，你就要限制自己接触那些凭着感觉说话的媒体。

### 4. 为自己的身心减压

在压力之下，我们的身体会自动做出反应，肌肉会变得紧张，呼吸会变得更快（这让我们为逃跑或战斗做好了准备）。问题是，有的时候最初的压力已经不存在了，我们还会长时间保持这种状态。快速呼吸几乎成为一种习惯，这就意味着我们的身体会不断地感受我们正面对着某种压力，即使这种压力根本不存在。

那这一切又和我们的宝宝有什么关系？你有没有遇到这种人的拥抱，他像一条狗那样气喘吁吁，像一面鼓那样紧张兮兮？这种拥抱不会让你感到平静，不是吗？当我们高度紧张的时候，我们的宝宝也不会感到我们的平静，这一点毫无疑问。让自己安静下来，并不是一件容易做到的事，应对一个啼哭的宝宝是一个很艰难的工作。但是，如果让自己的呼吸更加平稳，让自己肌肉更加放松（结合上述的一些自我对话技巧），至少你能以一种良好的身心状态去面对自己哭闹的宝宝，这有利于你帮助他们更快地安定下来。

**呼吸控制技巧**

步骤 1: 计数呼吸频率

1. 安静地坐在椅子上大约 5 分钟（如果曾跑动过，时间要更长）。

2. 计数你的呼吸频率，或者你自己数一下每分钟呼吸几次。

步骤 2: 检查结果

1. 如果你计数的结果为，每分钟呼吸（BPM）超过 17 次，那么这一点是明确的，你需要降低自己的呼吸频率，这样你才能平静地应对各种情况。

2. 如果这个数值高于 14，那么仍有改善的余地。

3. 选择一个自觉压力比较大的一天，再一次检查你的呼吸频率。这么做的目的是，看你的呼吸频率有怎样的改变，以此验证一下，你的上次检查是否有一些导致你紧张的原因，被你忽略了。

4. 继续这个锻炼余下的内容，让你的呼吸速率维持在一个的安全范围内。

5. 如果你想平息那种身为人母的慌乱感，那你就把 BPM（呼吸频率）的目标瞄准为每分钟 10~12 次。

步骤 3: 控制呼吸练习

1. 用鼻子吸气，用嘴缓慢地呼气。尽量保证六秒钟循环一次（也即，吸气三秒钟，然后呼气三秒钟）。

2. 当你呼气时，平静地对自己说"放松"这个词语，或其他类似"平静""冷静"或"很好"等词语。只有你觉得管用就可以。

3. 把更多注意力集中在呼气上，而不是吸气上。呼气会告诉大脑，我们一切都好，而快速地吸气则与恐慌反应联系在一起

4. 以这样的速度进行练习将使你的呼吸频率到达每分钟 10 次。

5. 6 秒钟进行一次呼吸，并至少保持 5 分钟，以此来感受慢速呼吸带来的效果——唤醒了我们身体内的平静系统。

步骤 4: 多加练习

只要有机会，每天都进行这个练习。我经常建议妈妈们在房间里放上一些可以提醒自己的东西（比如粘贴便签，手机上，或者婴儿房的门上），以此来促进自己去练习。

## 肌肉放松练习

为了发挥这种练习的最大功效，可以找一个安静的地方进行练习（也许就像你晚上将要睡觉时一样）。在你掌握了这种技巧之后，你可以在自己需要冷静的时候使用它——任何时间、地点或场合，比如宝宝开始哭闹，或者婆婆来家里吃晚餐。

1. 坐在舒适的椅子上，或躺在安静的房间里。

2. 如果你是坐着，把自己的脚平放在地板上，然后放松你的手，并把手放在膝盖上。

3. 闭上你的眼睛。

4. 开始使用控制呼吸技巧（可见前面）。

5. 在控制呼吸进行三分钟后，开始下面的肌肉放松练习。

6. 收紧自己的每组肌肉群约 10 秒（最好的结果是，让肌肉紧张到自己的疼痛阈值），然后放松约 10 秒，可按以下顺序进行。

—上半身:握紧拳头,用力耸肩,就好像你想让它们碰到自己的耳朵,然后放松。

——面部和下巴：紧咬牙齿，然后放松。

——下半身：向前伸直你的脚，脚趾朝着自己弯曲，收紧臀部，然后放松。

7. 继续控制呼吸至少 5 分钟（时间可以更长，如果你有时间的话），享受放松的感觉。

8. 如果需要的话，对于你感觉比较紧张的身体部位，重复练习一次。我工作中遇到的很多妈妈都至少做两次上半身练习。


我一直没有意识到和宝宝在一起的时候，自己是多么紧张。当我放松下来，告诉自己我可以应对她时，我的宝宝好像对我很信任，知道我要做什么，她也变得更加放松。日子仍很艰难，但我已经知道怎样才能使自己平静下来了，很多事情就不会像以前那样了。

**娜塔莉** / 两个孩子的妈妈


### 5. 服用药物

通过药物、草药，以及维生素和矿物质来改善我们的情绪是一个备受争议的话题。观点是如此之多，各种研究也是互相矛盾，这让我们很是疑惑，我们该怎么去选择，去花掉我们那辛苦赚来的钱（我们还是面对现实吧，许多这种小药丸的价格都很高）。

让我们从各种争论切入这个话题，先对严重的情绪问题和不严重的情绪问题做如下的区分。

**对于比较严重的情绪问题**，如果你长期情绪低落，并出现产后抑郁症的一些症状（见本书第 4 章的症状列表），那么你就要拒绝那些建议：治疗该病症只能依赖非传统药物。虽然你不太愿意使用处方药，但不要以这种立场，去任性地认为那些毫无根据的治疗方案就是正确无误的。你可以去向你的家庭医生咨询，以寻求一个最好的建议，服用抗抑郁药或其他处方药是否对你来说是一个最好的选择（如果你现阶段正在哺乳，它是否也是一个最好的选择）。

**对于不那么严重的情绪问题**，如果你只是某些天情绪有些低落，其他的日子情绪还不错，那么非传统药物的治疗效果还算可以，越来越多的研究也证实了这一点。

你可能更愿意使用那些草药，它们在生物学上的功效和抗抑郁药相类似（例如圣约翰草）。一份来自比较权威数据库的最新研究报告称，一些中草药被发现具有一定疗效，其效果和那些用于治疗轻度或中度抑郁症的药物差不多。的确，仅仅因为它是草药，并不意味着它就没有治疗功效。可以和你家庭医生谈论一下，什么草药合适你，使用草药的剂量又是多少，他会说出自己的意见。如果你正在哺乳，这更是至关重要。

要记住，任何药物或补品都不能包办一切，不要顾此失彼，忘了我们还有其他事要做——改变自己的生活方式，诸如做一些运动、控制呼吸练习，以及改善自己的食谱。如果你非要认为药物可以胜任一切，而置其他方式方法而不顾，那么你一定会被抑郁症击败的。药物治疗永远都被认为是诸多治疗手段中的一种。

如果你非常渴望采用非传统疗法，那么在你把自己辛苦挣来的钱奉献给它之前，你应该先做一番调查。哪些药物、补充剂和治疗方法已经被证明是具有一些疗效的。换言之，很多的东西都是用来骗你的辛苦钱的。

我不想服用抗抑郁药，但当我一连好几天不停地哭时，我的医生终于说服我至少试一试。我不该等这么久才去服药。我只能建议其他母亲早点开始考虑这件事情。现在我通过饮食、锻炼和合理的自我对话来控制情绪，但我认为如果我一开始就使用抗抑郁药的话，就不是现在这种情况了。

**克里斯蒂** / 三个孩子的妈妈

## 改善情绪的心理策略有哪些？

有这样一句话，"我们感觉到的，我们就以为是真实的"，这句话对那些天性乐观的妈妈们来说，无疑是一个天大的福音，这似乎意味着，她们的感觉总是美好的。至于我们其他人，我们的感觉就完全靠不住了，因为它被激素、疲劳和压力所左右着。我们能感觉到的各种事情，在别人看来就完全不着边际，这让我们的所作所为看起来就像一个彻底的疯子。好吧，即使不是彻底疯了，也是快要疯了。

我工作时遇到的那些妈妈们告诉我，不同的心理技巧是否有用，取决于各种因素：她们的痛苦程度；各种背景，诸如教育、工作等；之前为恢复理智的种种努力；孩子的年龄。的确如此，一些心理技巧可能对你现在管用，但是，一个月后你重新读这一章，你会发现另一种心理技巧效果更好。

### 1. 冥想

冥想有用吗？很多研究论文都证实了它对一系列心理症状的有效性，包括焦虑、上瘾、攻击性、自杀倾向、抑郁、慢性疼痛、失眠和高血压，对此，我们难以忽视。此外，人们也越来越认识到它对大众健康的好处。总之，你很难拒绝它的诱惑，很想去练习它。这些现象很值得我们去仔细研究。

你可能觉得这个东西很玄妙复杂，不想了解它，想跳过这一部分，但我想提醒你一句：现如今的冥想对于今天的父母来说是非常容易实现的。

**冥想练习**

1. 坐在舒适的椅子上，躺下，甚至四处走动，都可以。是的，行走冥想比一个粉红色的婴儿车车篷更时髦。

2. 想点什么东西！对我们许多人来说，让自己的头脑一片空白的观念是陈旧的，也是无法实现的。新的观念是这样的：

　　—让你的思绪一点一点慢下来（把注意力集中在积极的或中性的想法上，也就是说，不要集中在"我是一个废物妈妈"这个有百害而无一利的想法上）；

　　—把思绪停留在现在（而不是过去或将来）；

　　—选择一件你要做的事情（计数你的呼吸，重复一句对自己有帮助的短语或平静的语音，想象空气在你身体内外流动）。

3. 保持轻微的专注，如果你的思绪乱了（比如，今天早上孩子让你头痛无比），轻轻地把你的思绪带到你关注的事情上，然后再试一次。

4. 慢慢呼吸。目标是每分钟呼吸 10 次。如果你想了解更多关于慢速呼吸的事情，可以看一看控制呼吸技巧（本章前面）。

5. 可以从每次一分钟开始。记住，你可以在任何地方做这件事——即使是在你走路或洗澡的时候。我的一个病人发现，她去挂晒衣服时，是她冥想的最佳时刻，挂衣服时那种有条不紊的感觉非常有助于她把思绪停留在这个时刻。

## 2. 获取自信

我在工作中遇到的很多女性都不知道如何获得自信。她们认为那是强势的、以自我为中心的母亲们该做的事。所以她们总是消极被动，偶尔也会被动性地攻击。问题是，当她们已经受够了，并且确实需要为某事挺身而出时，她们会转而变得很强硬，有时甚至是咄咄逼人。然后她们就开始了漫无目的的指责，她们既指责别人（"是的，如果你能多帮助我一下，我也不会变成这样"），也指责自己（"我怎么能变得对我的爱人这么刻薄？我是个白痴"）。

自信不是咄咄逼人，也不是以自我为中心。那它是什么呢？下面的描述很长，但我希望它对你是有用的。在你的社交技能中表现出一些武断的自信，对自己处理做妈妈的那种慌乱，是非常重要的。

首先，对你所相信的每一件事和你所做的每一件事进行想象，想象它们在一个正方形中。

### 我做的并且相信的每一件事

问问你自己，当你为了自己所想所做的事挺身而出时，你是否有这个权利去那样做（我希望你的回答是），如果你不确定在你的正方形里到底该放些什么，到本书第 13 章做一下"房子与花园"的练习，然后再回到这个问题上。

现在想象一下，有许多正方形围绕着你，它们代表了你认识的每个人。在每个正方形里都包含着这些人所做并相信的每件事。

大卫做的并且相信的每一件事　　　　　妈妈做的并且相信的每一件事

我做的并且相信的每一件事

我妹妹做的并且相信的每一件事　　　　我婆婆做的并且相信的每一件事

现在问问你自己，当别人为了他所想所做的事挺身而出时，他是否有这个权利去那样做（对每个人，我希望你也能回答是）。

让自己和周围的人在生活中充满自信和得到尊敬的方式是，守护好自己的边界，留心不去闯入他人的边界。这就意味你要保护好对自己来说很重要的东西，并理解其他人也可以这样做。如下所示：

1. 了解自己的边界

—— 如果有人对你的行为和观念做出极端的负面评价，或者试图改变你的观念和想法，那么他们就是咄咄逼人。

—— 如果你容忍别人对你的观念和想法做出极端的负面评价（对此，你不采用任何行动），那么你就是被动的。

2. 尊重他人的底线

—— 如果你对别人的行为或信念做出极端的负面评价，或者你试图改变他们的行为和信念，那么你就是在挑衅。

—— 如果他人允许你对他们的行为和信念做出极端的负面评价，或者允许你改变他们的行为或信念（而他却不采取任何行动），那么他们就是被动的。

消极攻击行为则更为复杂。这意味着当别人评论或试图改变你在正方形中的那些东西时，看起来你不想因此去做任何事，然而在某个时候，你会出人意料地毁掉了他们在正方形上的东西。比如，当另一位母亲说："我觉得你现在的生活太过于以婴儿为中心了，你应该让自己更悠闲一点。"这时你什么都不说，可是这个人在你眼里就已经不重要了，你不再邀请她去吃早茶了，在妈妈群里也不和她打招呼了。

**那么，你如何才能变得坚定而自信，坚守自己的立场呢？**

— 对别人说，你对别人有不同的意见表示理解（每个人都有自己的正方形）。"这很好，我们对此抱有不同的看法。"

— 坚持自己的信念或行为（你有权拥有自己的正方形）。"对我来说，我觉得这是最好的方式。"

— 不要对别人正方形里的东西做负面评价（他们有权拥有自己的正方形）。"我相信你选择的方式对你来说是最好的。"

我从来都不知道如何才能让自己坚定而自信。我认为我的妈妈从来没有坚持过她所相信的那些事，所以我也不知道该怎么做。当我意识到我可以尊重自己并尊重他人时，它改变了我的一切。

**尼娜** / 五个孩子的妈妈

## 3. 接受实现疗法（ACT）

在又一个充满压力的一天之后，我意识到我的女儿总有一天会发现我并不完美。由我自己确认这一点，总比由别人来告诉我好很多。

**凯西** / 三个孩子的妈妈

目前，最流行的心理治疗方法之一就是接受与实现疗法，或者简称为ACT。它的基本意思是，接受那些你不能控制的东西，并承诺采取行动改善和丰富自己的生活。

如果这听起来有点像童话故事，那么下面就是妈妈们能理解的、更现实一点的说法。接受这样的事实——在养育孩子的过程中会有很多困难，但你要和自己做一个约定，你不仅要照顾好自己的家人，还要照顾好自己，哪怕你的表现极其糟糕（连给宝宝穿尿布都做不好）。

**那具体我们该怎么做呢？**

1. 我们必须要了解自己的价值观，这样才能知道自己是谁，以及我们想要如何照顾自己。然后是承诺采取行动确保我们做这些事情。要想说清楚价值观，可不是一两句话的事，本书的第 13 章专门探讨了这个问题，对此进行了详述。

2. 我们需要能够识别出，我们人类无所不能的大脑所创造出的那些条条框框和规则，哪些给我们带来了痛苦，并且用更现实的自我对话来代替它们。下面是关于如何改变你思维方式的方法，更多的细节尽可领略。

3. 我们需要学习正念的技巧，这样我们才能意识到自己的想法，而不是让它们与事实真相混淆，或者被它们的内容所淹没。

下面是两个练习，说明了当我们陷入一个自我毁灭的负面情绪时，正念练习是如何帮助我们的。

（概念解释：正念这个概念最初源于佛教禅修，是从坐禅、冥想、参悟等发展而来。它的意思是，有目的、有意识地，关注、觉察当下的一切，而对当下的一切

又都不作任何判断、任何分析、任何反应，只是单纯地觉察它、注意它）

**正念练习**

练习 1

• 寻找一个你经常对自己说的消极自我评价的短语，例如："我是一个废物妈妈"或者"我做不好一个妈妈"。

• 专注于这个想法 10 秒钟。全神贯注地抓住它，尽你所能地去相信它。

• 现在默默地再重复 10 秒钟，并在之前的短语前加上："我有一个想法……"这样，整句话内容是："我有一个想法，我是一个没有用的妈妈"。

• 现在再重复一次（又是一个 10 秒），但是这次加上这个短语，"我注意到我有一个想法……"这样，整句话的内容是："我注意到我有一个想法，我是一个没用的妈妈"。

• 你感觉有什么事发生吗？你是否注意到一种感觉的分离，或者自己远离了自己开始的想法？的确，你正在认识到，我们的想法只是一个想法（而不是现实），自然而然，你也就抛弃了这个危害我们的想法。

练习 2

• 选取你用过的消极词汇（废物、窝囊废、笨蛋），并把注意力集中在这个词上（为了让这个词起作用，你必须坚持用它）。

• 闭上眼睛，开始放慢呼吸。

• 当你一遍又一遍地对自己念这个词时，保持你的慢速呼吸，持续整个过程至少 45 秒（注意：不要几秒钟后或感觉不好时停下来，如果你想感受到效果，你需要保持这个过程至少 45 秒）。

• 你感觉有什么事发生吗？你是否注意到这个词逐渐变得没有什么意义，或者很难再把注意力集中在它身上？大多数人都发现这个词最终变成了一系列毫无意义的音节或一个元音。另外一些人则发现她们不再对这个词感兴趣了，而是开始去想其他的事情。我们在做这件事的过程中，让这个词失去了它的力量，消解了它附着在我们身上的破坏性。

在某个时刻，我意识到我必须原谅自己的失败，接受自己的本来面目，不再苛求自己去做自己做不到的事情。

科琳娜 / 一个孩子的妈妈

### 4. 进行积极的自我对话

我一直没有意识到，我过去在和自己交谈时，某种程度上就是在辱骂自己。我总是感到焦虑和沮丧，我需要为此做出改变，或者去冒险做些什么。这需要时间，但我做到了。现在我对自己说话的态度，就像对待我的孩子那样。我从不要求自己有多完美，正如我的心理咨询师所说的，我的目标是足够好！

琳达 / 两个孩子的妈妈

如果我们不去花一些时间去留心一下，看看我们是如何自言自语的（进行自我对话），我们不会意识到，我们在养育孩子时，我们对待自己就像对待一个战争时受伤的人，而不是像对待一个调皮的姐妹。

希望接受与实现（ACT）练习能为你开启一段新的旅程，为你消除自言自语时语言中所包含的那种可以毁灭洪荒的力量。除了这些技巧之外，对我工作时遇到的那些妈妈们，我还会建议她们去做以下的练习。

### 自我对话练习

在你成为最好妈妈的时刻,想象你正在和孩子就他今天的行为或感觉进行交流,那么此时你的说话态度该是什么样子呢? 我敢打赌,你一定表现得有耐心、有礼貌、和蔼、体贴和睿智。

现在,将与孩子交谈的方式和与自己交谈的方式进行比较。你还会表现得有耐心、有礼貌、和蔼、体贴和睿智吗? 如果你回答"是的",那么你的自我对话很有可能还是不错的。如果你回答"不是",我确信你更习惯于对自己比较刻薄,贬低自己或对自己不抱什么期待。换句话说,你的自我对话对你来说具有毁灭性!

如果你发现自己自言自语时有点像是在辱骂自己,那么下面的内容会对你有所帮助,让你学会对自己说话就犹如你在和孩子说话,态度变得很和蔼可亲。

**1. 你是不是在预测一次不幸或一场灾难?**

例如,你是不是在告诉自己, "这将是一个地狱般的早晨? "问问你自己,在接下来的几年里,你送自己的孩子去幼儿园,是不是也要在他的小脑袋里塞进你的令人绝望的告别之语—— "再见,小宝贝,希望这个早晨你在幼儿园里过得像在地狱里一样。"难道你是真的希望孩子被自己的话说中,希望他一脸鼻涕,希望他去抢同学的玩具? 总是对自己说这样的话,会导致你的大脑时刻准备着要去应对一次十分可怕的经历,足以引起你的逃跑 / 战斗 / 冻结反应。事实上,它限制了你分析情况的能力,你会倾向于把潜在的困境当成是明确的灾难。你要尝试去说一些更现实的事情,比如, "这可能会是很艰难的几个小时,但我会尽我所能处理好它"。或者, "当宝宝哭的时候,他不是想破坏我的心情,他只是按照自己的方式在行事,而且是以我们不理解的方式"。

**2. 你是不是预测自己不能应对某些事情?**

例如,你是不是在告诉自己, "我不能哄好这个孩子",或者"我不善于在妈妈群里进行交流"。想象一下自己的孩子也在自言自语"学走路太难了,我学不会,我才不去学呢! "这样,他们很快就会放弃,仍旧停留在爬行阶段。那是因为,这种自我谈话的方式会让你的大脑认定,你不会积极地面对自己眼前的巨大挑战。于是你的大脑决定放弃,不去想解决办法,也没什么创造力,也不去尝试,简直是一片空白。如果你想做好那似乎没完没了又困难重重的育儿工作,并要为此做些准备,那就试着稍微调整一下你的想法,让它更现实一些,比如, "宝宝的哭闹真是让人焦头烂额，好在它不会一直哭下去，我的孩子需要我保持冷静和等待。一切都会过去的"。

**3. 你是不是在给自己贴上人生失败者的标签？**

例如，你是不是在告诉自己，"我是一个没用的妈妈"？如果某一天因为某种原因你的孩子不能顺利地吃奶，你是不是认为他会给自己贴上一个"笨蛋宝宝"的标签？想象一下，如果他这么做了，他的心情会是如何？是悲伤？是觉得自己没用？是绝望？听起来，这些词语是不是很熟悉？那是因为，既然我们很难摆脱我们给自己贴上的那个标签，那么当我们的孩子想去摆脱自己的坏名声时，发现也是同样地艰难。仅仅一天把事情弄得很糟糕，并不能定性出我们是什么样的人，它仅仅与我们做的事情有关。如果我们给自己贴上标签，那么可以预见到，我们的孩子也会这么做，当他们仅仅做错了一道数学题时，他就会很快把自己当成一个"笨蛋"。要试着说一些这样的话，如，"我今天想做的事，没有全都做完，但是没关系。虽然不是十全十美，但已经非常不错了"。这样，你就能为自己的内心注入一些美好的期望。

**4. 你是不是只关注那些不好的事情？**

例如，一段时间你头痛于如何喂养宝宝，你就开始言辞激烈地抱怨整个人生，"妈妈该做的事我没有一样能做好"，你是这种类型的人吗？如果你的孩子爬行很困难，你是否会暗示他，那些宝宝该去做的事情，他没有一样能做好？有这种思维方式的人，会特别注意那些负面的东西，并推论到你做的所有事情上，哪怕你是电视上或电影里的人。你能做的事情，你已经做的事情，通通被打包放在这个筐里。要去注意那些好事情，你拥抱和亲吻了你的宝宝，你摇晃着他让他安然入睡，你带着他去散了一会步，这些美好的时光，对孩子的幸福至关重要。几顿糟糕的喂食，几个不安的夜晚，一段困难的时间，并不会把所有的好东西都带走。一个真实的父母，而不是一个把自己装扮成完美者的父母，会更让孩子感到幸福和拥有健康。如果我们想让自己的孩子做同样的事，我们必须以身作则成为孩子的榜样，你要表现出你所认同的那个自己，并且毫无保留地表现，无论优点或缺点。

**5. 你是否依据规则而不是现实情况来安排自己的生活？**

也许你还在使用多年前的规则，而它现在已经不适合你了，你却忘记了该把它们抛到脑后（例如，"我一定要准时"，或"我的孩子不应该哭"）。当一些妈妈告诉我这些规矩时，我通常会问她们："这是谁说的？"然后继续问，"如果你打破这个规则，你打算如何惩罚自己？"夸张地说，如果你为宝宝做了这样一些规定，"我一天只能拉一次便便"，或者，"我吃南瓜泥的时候一定不要弄得一团糟"，那么他该如何对待它？他要是做不到，你该拿他怎么办？答案很明显，也很简单，我们早就忘记了那些用于指导我们行为的规定，不会让它束缚我们。生活是复杂的，人们也都知道这一点，如果还有人不明白，一定是因为有一些不切实际的规则正支配着他们的所思所想。如果你倾向于管束自己的行为，那么你也要改变一下想法，要向前看，可以把你的想法写下来（它们都由一句话开头，"我必须……""我应该……"和"我应当……"），看看哪句话能让你放松下来。如果都不能，重新开始写你的新句子，"我更加喜欢……""我喜欢……""如果……事情可能更容易"。

**6. 你是否把一种感觉误认为是事实？**

我们有各种各样的感觉，有些感觉是我们无法控制的，而有些感觉则不那么准确。就好像我们感觉有些担心，但并不意味着真的有一些事情值得我们去为它担心。记住，如果蝴蝶、草、陌生人等这些东西让我们的宝宝感到害怕，我们要承认他的恐惧，但是要帮他去认识到，他将一切安好。对成人也是如此，我们要时刻提醒自己，当一种错误的感觉出现时，我们不是跟着感觉走，被它所左右，而是要用我的想法和行为来改变它，这无疑也是改变我们感觉的最有效方法。例如，"尽管我有一种懒散的感觉，但如果我出去走走，说不定感觉会好一点，所以我还是出去走走吧"，或者，"我知道我正处于悲伤之中，给朋友打电话无疑是缓解悲伤的最好的方法，尽管我不喜欢这样"。

**7. 你是否忘记了感觉并不是不变的？**

就像天气一样，感觉也会发生变化。就像天降冰雹，如果你不去躲避（想想可能被冰雹砸伤的脑袋或被冰雹损坏的汽车），那么你会被人当作一个傻瓜。同样，如果你不承认你或你的宝宝身处于混乱之中，那么你也会被人当作是一个失去理智的人。如果你认为冰雹会一直持续下去，太阳再也不会出现了，那么你也会被人当作一个愚蠢的人。我们的感觉也遵循同样的道理，如果仅仅因为你现在感到难过，你就认为在几分钟或几小时内，你仍会悲伤依旧，那么这种想法，对你和你的宝宝来说，不会有什么帮助。如果你的宝宝在洗澡时觉得不舒服，你会不会对他说"哦，亲爱的，你会一直不舒服"？肯定不会。同样地，当我们对自己说"我再也不会开心了，太过分了，生活太痛苦了"的时候，能让你脱离这种苦海的恐怕只有你自己了。现在，让你的思绪快进到几个小时之后——和一个朋友闲聊着，一杯茶或酒闲置在手中，然后再快进到周末——与爱人一起家中闲坐，一次在公园的闲逛。你的情绪不仅仅是眼前的一场风暴，更是未来几天善于变化的天气，若你以这种观点看待问题，那么你的内心和你的宝宝，都将会受益无穷。

**8. 你在形成一个想法时，是不是其他人的所思所做会对你产生决定性的影响，或者拿自己和她们作比较？**

例如，你是不是正在对自己说，"我确信，他们都认为我是一个没用的母亲"，或，"我打赌，其他妈妈安抚她们孩子时，都不会有这么多麻烦"？你是不是会想，你蹒跚学步的孩子进入了当地的游乐场，这时他对自己说，"我想，其他的宝宝都会嘲笑我摔了很多次"，或者，"我想，其他宝宝都觉得我还没学会说话，是个大笨蛋"？其他人不会知道，也不想知道，你和你的宝宝真正需要什么，只有你才最了解他。每个宝宝都是不同的。你可以试试这样的想法，如，"别人怎么想无关紧要，我知道我正在尽我所能做这份工作"，或者，"她的宝宝能快速地安静下来，但仅仅因为这点，并不能说明她没有其他问题。在很多方面，我们并不相同"。

*每个人都认为我做得很好，但我内心却心乱如麻。回顾过去，我希望我能早点做些事情。*

**吉纳维芙** / 两个孩子的妈妈

### 5. 忘记积极思考，采取现实思考

我可能是世界上唯一一个说这句话的心理学家，但积极思考确实有其局限性。为什么呢？因为就像消极的自我评价一样，"这将是一个地狱般的早晨"是一个谎言，积极的自我评价，"这将是一个极乐世界般的早晨"也是一个谎言。一个脱离现实的积极思考无法让你从容处理你生活中真正发生的事情——一个哭闹的宝宝，一大堆家庭琐事，也许还有一点寂寞。

这就是为什么，对我们这些妈妈来说，唯一能选择的就是采纳我所说的现实思考。我非常喜欢的一句话是这么说的：

悲观者抱怨风，乐观主义者期望着风向能改变，而现实主义者调整船帆。

**威廉·亚瑟·沃德**

在上面的例子中，那三种人的不同表现可能会让你受到启发，你应该一门心思地处理你眼前的事情，而不是想着什么新大陆，更不是什么第二次世界大战。而当你采取了现实思考的思维方式时，你会很容易把握它，因为它是真实的，因此，你就不必再纠结于我的思考方式到底是什么类型了。如果你的思考方式的确是现实思考，那么它也是有力量的，比如，"我不知道今天早上会是什么样子（这就是所谓的真相），但我会努力面对它，我会让自己的呼吸平静下来，我会对自己说鼓励的话，我会尽自己所能做一切事（这就是所谓的力量）"。

做妈妈时，我感觉自己像是落水了一样，但却把自己伪装成身处天堂，这不是一件好事。学会使用现实思考，是对我最有帮助的一件事，它让我们度过了最困难的时期。

**修纳** / 一个孩子的妈妈

### 6. 我是我，你是你

在孩子出生后的最初阶段，母亲和宝宝之间的差别与任何其他健康的人际关系相比可能是最小的。现实地说，宝宝是靠我们活着的。但是，即使在这个早期阶段，我们也要小心，不要让我们和我们的孩子纠缠在一起，不知道他的体验和自己的体验都是什么。

当婴儿哭的时候，这一点是最明显的。我们宝宝的哭声自然会让我们感到心烦意乱，这也是我们认为它很痛苦的原因——我们这么想，可事实却不是这样。如果我们搞不清到底谁是痛苦的那个人，那么我们和自己的孩子最终都会陷入痛苦之中。正如我们所知道的，在任何情况下，宝宝痛苦时，我们也跟着痛苦，可能是最糟糕的一种反应。

有时我用流沙进行类比来解释这个概念。想象一下，因为某些奇怪的原因，你穿越到了亚马孙丛林，你的孩子掉进了流沙中。那么，你最好的反应是不是跳入流沙，然后和孩子一起慢慢消失？或者你待在安全的地方，尽可能保持冷静，迅速制定营救策略，用藤蔓，用树枝，用衣服做成的套索，用你能做出来的任何东西，去把你的孩子救出来。

答案不言而喻。就像我们不能跳进流沙中一样，当孩子出现了一种消极的情绪时，我们也去情绪着他的情绪，感觉着他的感觉，我们就无法去帮助我们的孩子。最重要的是，我们要弄明白，孩子现在是什么样的感受，并据此帮助他们渡过难关。

当我明白了，我的孩子在很大程度上决定了我的情绪时，我意识到，我必须要做出改变了。作为家长，帮助孩子是我的责任，而不是陪他陷入相同的困境。

**珍妮** / 两个孩子的妈妈

当下，"我是我，你是你"这一理论在各种科学文献中频繁出现，而其专业术语也得到了相应的应用。

**认知同理心**——用来描述我们理解他人感受的能力，并对双方具有的不同感受持认同和理解的态度。

**情绪感染**——当我们身边的人出现快乐、幸福、爱、恐惧和焦虑、愤怒、悲伤和沮丧等情绪时，我们也倾向于获得同样的情绪。

作为一个母亲（即成年人），当我们的宝宝哭闹时，我们的目标是保有一份认知同理心，而不是受到情绪感染。但我们宝宝的大脑还没有充分发育，还不足以像妈妈那样去做同样的事情。作为一个婴儿，他们还不知道我是我，也不知道你是你。在宝宝出生后最初的几个月里，他会发现你的强烈情绪，而且当你出现这种情绪时，你不想让宝宝出现同样的情绪，这简直比登天还难。这就是为什么，通常你对宝宝微笑时，他会对你微笑，当你觉得高兴时，他会感到快乐。

同样，他们也能发现你的痛苦、紧张和悲伤。但不是所有的东西他都能发现，比如当你明明压力很大时，却假装幸福的那种表情，再比如，当你正担心的一些低水平的负面情绪会对孩子带来伤害时，你那不易被察觉的神情。了解了这些后，我们就应该担负自己的责任，避免那些能引发我们强烈的情感状态的一切事物出现，以免对我们产生影响。

随着时间的推移，我们的小宝贝，也会变成大孩子，最终会长大成人。他们的认知同理心将会得到发展，这样，他会这样定性我们之间的关系，他会说："我爱你，因为你是我的妈妈，你爱我，因为我是你的孩子。我们不会因为思考习惯和行为方式不同，就放弃对彼此的爱。"

也许在某个晚上，你的宝宝看起来打算整个晚上都要哭闹下去，请记住那个流沙的比喻，然后按照下面的指导方法去做。我相信你，你会坚定地停留在地面上，而不会去跳入流沙中。在第二天早晨，你和你的孩子都会安然无恙。

**当我的孩子痛苦紧张时，我要问自己：**

•我要好好想想，我的宝宝有什么样的情绪？

•这之前，我有什么样的情绪？我的情绪是否影响到了宝宝，如果影响到了，是否可以以此来解释和判断宝宝的情绪？

•在这种情况下，什么情绪对我最有帮助？（记住那个流沙类比）

•我是否确定，我还没被宝宝的情绪感染？我是否确定，我还没忘记我能区别出不同情绪？

•我是否在提醒自己，我不能总是改变孩子的情绪？她可能正在做一些我不明白的事情，但我能帮她渡过难关。

## 7. 消除童年的心理阴影

我们中的很多人都是在家里长大的，也许，在家里我们并没有得到父母足够的爱，甚至还有可能，父母会嫌弃我们是多余的人。在生活中，我们中的一些人还可能遭受过严重的创伤，如被性侵、和酒鬼父亲一起生活，或遭受家庭虐待。还有，我们中有些人的妈妈总是担心我们会出危险，所以很少让我们出门。

尽管我们希望它不会对我们产生影响，但我们过去的经历不仅对我们的人际关系产生了巨大的影响，而且还会影响到我们是否能接受自己，以及如何对待孩子的一些行为——那些行为引发的想法和感受，会让我们内心十分不安。

如果我们的童年生活过于艰难，我们更容易被育儿工作中的某些任务压垮。有过这样经历的妈妈总是会说：

（1）当宝宝哭闹时，感到自己完全处于恐慌之中，别人无法对自己进行安慰；

（2）不敢把宝宝独自留在一个房间（即使宝宝心满意足地躺在垫子上，你上个厕所也是非常快）；

（3）担心宝宝不喜欢自己，或者莫名其妙地就认为自己不是一个称职的妈妈；

（4）因为害怕对宝宝造成伤害，做任何事情时都畏手畏脚；

（5）自寻烦恼，认为全世界的每一个母亲都比自己做得好；

（6）想要远离自己的宝宝。

如果这听起来像你，那么我很抱歉，育儿的艰难远不止如此。好消息是，越来越多的研究表明，一个完美的童年并不是将来成为好父母的先决条件。事实上，这一点非常清楚，一个童年不太完美的父母可以养育出乖巧懂事和情绪安稳的孩子，这和其他母亲养育的孩子没什么差别。

但我还是建议你多与心理支持专家保持接触，他的专业知识会在这段旅程中帮助你。对专家来说，要消除你童年的心理阴影是需要时间的，这就需要你保持耐心、信心和对专家的理解。大多数对依恋理论理解深刻的心理学家都会为你提供合适的治疗方案。

如果你没有其他重要的事去做，那就从现在开始这件事，你要记住，永远不要太晚开始。我们的孩子将会永远感激我们的，我们抹去了自己童年的阴影，为他们创造了一个无忧无虑的未来。

我必须要运用所有我在治疗时所学会的技能，让我走上正轨，成为一个我想成为的母亲，而不是像我妈妈那样。每次当我保持冷静，保持对自己和孩子温柔时，我的自信心就会增强。我现在可以自豪地说我是一个好母亲，一个足够好的母亲。

**谢莉** / 一个孩子的妈妈

## 8. 宽恕自己

宽恕就是释放囚犯，并发现囚犯就是你自己。

**刘易斯·斯孟迪斯** / 作家

我工作时认识的许多女性多年来一直在惩罚自己。虽然有些女性会有身体上的自我伤害，更多的是精神上的自我惩罚，时间长了，惩罚起自己来很是得心应手。后来她们成为母亲，情况不是变得更好了，对自己惩罚更是更上一层楼。她们一察觉到自己的过失，就抽出时间来开始进行深刻反思，像一个拳击手那样惩罚自己，对自己是一顿侧踢、左勾拳、击打面部，这已成为每天的例行工作。只要自己做了任何不完美的事情都不能被原谅，她们觉得她们必须永远惩罚自己。

面对这样的女性，我提出了本章前面已经提过的同样问题："如果你的孩子犯了同样的错误，你的孩子会对自己怎么想，这个问题你考虑过吗？你是不是会想，让你的孩子去憎恨自己，让他一辈子都去责备自己？想象一下你的孩子在精神上对自己惩罚，问问自己是否想让他成为那个样子。"

所有的妈妈都会给出一个相同的答案："我不这么想。"

然后我继续问："你想让他们知道自己是可以被原谅的吗？他们能在某种程度上弥补自己的错误吗？即使他们在某一时刻做出了错误的决定，他们还能去喜欢自己吗？"

所有的妈妈都会给出一个相同的答案："是的。"

章末寄语

　　读完这一章后，我希望你能够进入到这种境界，能有效地把握自己目前是什么样的感受。如果这一章所提供的对策不足以改变你的感受，那就开始阅读下一章。它提供了一些办法，可以帮为人之母的你度过那段黑暗的日子。寻求专业的帮助也是我反复强调的一个好建议。如果你还有一些疑问，可以让你的家庭医生为你推荐一个心理学家或产后护理咨询师。

　　寻求帮助并不意味着你是一个失败者，它意味着你要为自己的问题负责，解决了自己的问题，你的孩子也就不会出现相同的问题。我的经验是，那些寻求帮助的母亲比那些不寻求帮助的母亲，在育儿之旅上会行进得更稳更远。你越是敢于寻求帮助，作为一种回报，你的宝宝问题就会越少，仅仅也就是一些拉屎、排尿和哭泣的小麻烦。我要替那些孩子感谢你，因为你改变了他的生活和你自己的生活，而且是让生活更美好。


　　谢谢你告诉我，我可以变得和以前不一样，我也能成为我想成为的那种妈妈。现在我可以做到，去爱我的女儿，而不是被她吓到。我知道我正在做着一份最好的工作，它为我带来了很多东西，这让我晚上可以安然入睡。

曼迪 / 两个孩子的妈妈

第4章

你的忧郁谁作主

有一天，我告诉我们那个小团队中的另一位妈妈，我感觉很伤心。令我惊讶的是，她告诉我她也有同样的感受。这对我们两个都是人生重大的转折点，后来我们互相支持，一路前行。每天我们两个都畅所欲言，对此我感到非常高兴。

**米歇尔** / 两个孩子的妈妈

　　我尝试了所有的办法来让我的宝宝安定下来。从半夜我就一直醒着，现在是凌晨3点了。什么办法都不管用，我只能把他放在婴儿车里，开始来回摇晃。当他看起来很痛苦时，我把他抱起来，可他又开始哭起来，我只好又把他放进婴儿床，继续来回摇晃。然后……然后我总是重复这个过程，一遍又一遍。

　　是婴儿车救了我，因为我在努力地控制着自己的情绪，根本谈不上去安抚宝宝。有时我的哭声就像宝宝的哭声一样，野蛮而又不讲道理，我为我的无用而感到心痛。有时，我觉得宝宝在婴儿车里比在我怀里还安全。我不想承认，但这是真的。我永远不会忘记那个夜晚。

**希瑟** / 两个男孩的妈妈

　　对我们大多数人来说，在开始做妈妈的四周时间内，妈妈们就像做了一次过山车，现实用它那大号的尿布湿狠狠地击中了我们。它把我们撞倒在地，很难再站起来。具有讽刺意味的是，如此小的婴儿竟会造成如此大的破坏。

　　我们的肚皮不会神奇地变回原来的六块腹肌（如果以前有的话），我们的衣服仍然和孕妇装差不多（如果我们脱掉睡衣的话），至于珠宝，还是忘掉吧，我们最重要的饰品，还不如一块从乳垫渗漏出来的奶水造成的污点吸引人。

　　因此，这一章专门讲述了养育孩子的两个最困难的部分：在你最艰难的日子里，如何妥善处理你的孩子，以及如何对待你自己。

## 当宝宝狂哭不止时，如何有效地控制自己的情绪？

你要记住，你不能强迫一个婴儿停止哭泣，你只能选择和他在一起，在他高声尖叫时安抚他。他尖叫时自有尖叫的原因，无论这原因是什么，我们只能去安抚他。在这种环境中，你唯一能控制的人就是你自己。

有一些非常有用的帮助热线（具体在下面的线框中），它可以帮助我们与宝宝一起度过最艰难的时刻。我认识的许多亲朋好友以及病人，他们对电话另一端的人十分信任，那些人用自己的睿智和冷静挽救了他们与孩子的关系，也让他们保持了清醒。

不过，有一点需要先说清楚。一个哭泣的婴儿通常会被妈妈抱在怀里，而此时，我们若无法控制自己的情绪，那么孩子无疑是很不安全的。在那个时候，我们的行为常常会失控，其后果甚至可能会给孩子造成生命危险。

为了减少伤害儿童的风险，那些专门和妈妈打交道的专业人士都会坚持一个原则，用于指导妈妈们，具体如下：如果你觉得自己有伤害哭闹中的婴儿的可能，那就把你的孩子放到安全的地方，然后自己走开。

如果你的挫折情绪上升到歇斯底里的状态，就像你的宝宝正在吼叫那样，下面两个不同阶段的危机应对方案，可以帮你控制这种令人心碎的局面，会让情况变得更安全。

**阶段 1. 如果你能很好地控制自己的情绪，足以在照顾哭泣的孩子时保证他的安全**

在进入房间之前，使用之前介绍过的 BIRPS 技巧。如果觉得它有用，可以写在手上。

B 慢慢呼吸，并专注于呼气。当你慢慢呼气时，说"平静"这个词。

I 想象面对这种情况时，你将用到的处理方式，包括保持冷静和耐心。

R 放松身体。为了做到这一点，先绷紧身体，然后再放松，放下你的肩膀，然后轻轻地摇头。

P 对自己做出许诺，如果自己生气激动了，就放下你的孩子，抽出时间让自己平静下来。

S 说一些自我安慰的话，例如，"我们可以熬过这段时间""孩子的哭泣是会结束的，可能需要一段时间，但它总会结束。每次都是这样"。

现在进入房间。抱起你的宝宝，同时保持之前的呼吸频率、肌肉紧张度，并对自己说一些"自己一定要控制住"之类的话。只要你还能控制住自己，就可以一直停留在房间内，此时，你可能要使用一些第 2 章中所介绍的方法。如果你发现自己已经不堪重负或无法控制住自己，那就进入第二阶段。

### 阶段 2. 如果你觉得自己要崩溃了，难以控制自己

**让自己放心，自己的宝宝是安全的。** 当宝宝哭的时候，开动大脑仔细想想哪些因素可能导致他开始哭泣，诸如室温、尿布、衣服等等，然后一一进行检查（然后再次开动大脑）。如果这些都没问题，那就转到下一个步骤。

**把你的孩子放在安全的地方。** 能让自己保持冷静的一个关键是能让自己休息一会。把你的孩子放在安全的地方，比如他的婴儿床。

**为自己找一个地方。** 接下来的关键步骤就是为自己找一个地方，在那里宝宝的哭闹一时半会不会让你分心。卧室或浴室都行。

**现在你可以休息一会了。** 如果必要，这件事情是可以逐渐进行的。如果你很难做到毫不犹豫地就到那个地方去，那就慢慢开始好了。你可以待在宝宝旁边，只要能看到他就可以，但距离至少要超过一只手臂的长度。闭上眼睛，开始深呼吸，呼吸的时间不要太短。一分钟后，抱起你的宝宝，然后再把他放下来。也可以在另一个方面进行突破，每次休息时，你可以增加距离。如果你无法做到在一段时间内不去看宝宝，那么就带上婴儿监护仪，但要把仪器的音量调低，这样，你和宝宝共处一室时他的哭声给你带来的伤害，就会因为距离远、声音低而消失不见了。需要提醒的是，你这样做不是在逃避他，你只是去休息一会，为自己寻找一份空间，然后释放一下自己，这样才能照顾好宝宝。

**当你休息的时候，可以做一些能让自己安静的事：**

— 为了让自己平静下来，开始慢速呼吸、肌肉放松和自我对话等这些应对之策（也就是前文所说的 BIRPS 方法）。

— 如果有帮助的话，可以当场做一些练习。

— 给朋友或自己的爱人打电话。

— 听一些音乐。

— 若发现自我对话具有破坏性，你就需要停下来，采取一定办法，以让自己的身体恢复到一个足够平静的状态，不管用什么方法，只要有效就好。否则，只有远离了你的孩子，他才会更安全。

**给自己一点时间。**不要期望你选择的办法能立刻产生效果。如果你真的很生气激动，可能需要花五分钟去运用平静技巧，才能使自己开始平静下来。要记住，当我们不想离开自己的宝宝时间太长，我们想回去把他抱起来，而这时如果你又十分紧张，那么你的宝宝将身处危险之中。

**一旦平静下来，回到阶段 1。**

## 要对产后心理疾病保持警惕

对于我们中的一些人来说，即使我们万分努力，我们的育儿困境也不会立刻改观。我们发现，它已变成了一场日复一日的大灾难，其大堪比珠穆朗玛峰，我们的泪水自由地落下，其声势如同尼亚加拉大瀑布，我们的精神状态类似于那些湿尿布，日常的决策似乎比爱因斯坦的任何理论都要困难，我们评价自己的育儿信心指数是负无穷大。

是的，有些情况你是预料不到的，由于孩子的到来，伴随而来的压力、紧张、妊娠纹和失眠，所有的这一切，都会导致我们在分娩之后患精神疾病的风险要比我们一生中任何时候都大。

这些病给我们带来了精神上的痛苦，然而虽然很痛苦，却并不孤独。研究一致表明，在产后期，有多达七分之一（约15%）的妈妈可能被诊断为临床抑郁症。在这些人中，产后焦虑（PNA）的妈妈比产后沮丧（PND）的妈妈要多很多，但产后焦虑受到的关注却远比产后沮丧少。初步研究表明，产后焦虑实际上可能更普遍，可能会影响到六分之一的新妈妈。

虽然产后妈妈们迟钝的大脑无法去进行对数计算或分析量子力学（如果她曾经能做到），但是有一点她还是能轻松看到，许多新妈妈心理健康状况堪忧，并正在与之进行斗争。看看你周围的妈妈群体：如果其中有10个妈妈，那么她们中的两个，在其成为新妈妈的前几年，可能会达到被诊断为PND或PNA的标准。

在了解自己的症状和情绪状态时，最重要的一点，是不要把它们和产后抑郁症混淆在一起。忧郁相对来说是一种短期的经历（产后最初几周后就开始减轻），我们之中80%的母亲在产后都会受到它的影响（详见本书第3章）。比较而言，PND的症状更严重，而且不会很快消失。

如果你觉得自己已经成为那种妈妈，你先前悲伤或忧虑的情绪，已经转变为忧郁痛苦或麻木发呆，那就该严肃地对待这个问题了。原因也很简单，如果你认为它是个大问题，那它很可能就是大问题。所以，当那些好心的阿姨、朋友和同事就你的忧郁症状纷纷献言献策时——怎么会这样，为什么会这样，该怎么做，你就要留心他们所提供的那些意见了，毕竟他们不太可能比你更了解你的精神状态。

## 产后心理疾病成因复杂且难以预测

对妈妈们来说，要想摆脱抑郁症就是在编造一个不现实的神话。所谓的治疗，就是提供医疗和护理，然后把新妈妈安排到社会中，让这个社会为新宝宝和新妈妈提供着微薄的支持。生孩子一直被赞颂为女性最伟大的成就，这种过度的宣扬使得女人们相信，如果孩子出生后出现了另外一种而不是伟大的感觉，那就是自己有问题。

**安·奥克利** /《产后忧虑》，选自《时代》杂志

任何一个女人，如果她被人引导着去相信她该为自己抑郁症状负责，这都是一种欺骗。尽管一些非常出色的研究人员做出了最大的努力，事实上我们还没有建立一个公认的理论，可以充分地解释产后疾病的性质及其产生的复杂原因。看起来，现有的最好预测水平也仅仅为我们指出一个大概方向，去考虑各种因素的交互作用，包括抑郁史、社会支持、激素水平、婴儿气质，等等。只有你才能更好地了解自己，才能知道这些因素怎样影响了你。

不幸的是，在我们这个看起来很现代的世界，人们对于产后疾病的理解，很明显地，仍然是观念陈旧以及错误百出。当一些患有 PND 的妈妈们在沉默悲伤中忍受痛苦，在焦虑不安引发的噩梦中面对惊恐时，有些人仍然会把这样的妈妈与一个疯狂的女人联系起来相提并论。对于大多数母亲来说，有些事情已经成为她每日的必做功课，如在隐蔽的角落里哭上几个小时，如一遍又一遍地消毒很多次，即便如此，有些人也不会怀疑这些行为是产后疾病，他们只是在错误地寻找一个莫须有的东西，就好像只有一个歇斯底里的魔鬼才有资格患上产后疾病。

## 如何判断是否患有产后抑郁或焦虑

如果你认为自己有出现产后精神健康问题的风险。检查一下自己是否有下表所列出的症状，并勾选出来。你也可以完成爱丁堡产后抑郁量表（EPDS），该量表已得到国际认可并被广泛认同，主要用于产后抑郁症的初级筛查。

不过，不要去打开你的笔记本电脑，到网上去填写众多的在线版本，希望网上能碰到一个权威的在线 PND 或 PNA 测试。也不要让任何善意的护士、健康顾问或热心肠的人替你下定论，既然你的 EPDS 测试超过了 13，你就是一个 PND 患者。任何评估都必须与医生、精神病医生或临床心理学家的正式检查相结合才能进行。

### 产后抑郁或焦虑的症状

| 症状 | 妈妈常说的话 |
| --- | --- |
| 大多数时候都感到悲伤 | 我觉得自己好像生活在黑暗之中 |
| 觉得自己或作为一个母亲，都毫无价值 | 我再也不能做到任何事情了<br>我做的每件事看起来都是错的 |
| 过度担心自己或宝宝的健康 | 我总是在想什么地方出毛病了，或者我得了什么病，或者如何避免自己的孩子传染上疾病 |
| 要么感觉行动变慢了，要么感觉在大多数时间极度活跃和烦躁不安 | 我觉得自己动弹不了<br>做每件事都是那么费劲 |
| 感到生气或恼怒 | 感觉自己一直处于紧张状态，随时可能崩溃。 |
| 对日常任务做决定有困难 | 我不知道该吃什么，或者在超市买什么<br>它看起来太难了 |
| 睡眠有问题，即使在婴儿睡得很香时 | 我很累，可我还是无法睡着<br>我花了几个小时才睡着，可刚睡着，宝宝又醒了 |
| 想到死亡或自杀 | 我不能再这么做了<br>一切都太难了<br>我不想待在这里 |
| 觉得你无法停止哭泣 | 我只是哭哭哭，一整天都哭，什么事都哭 |

**续表**

| 症状 | 妈妈常说的话 |
| --- | --- |
| 大多数时间都感到焦虑，可能会感到恐慌 | 我总是焦虑不安，担心每件事都会出错我一直无法放松下来 |
| 精力不足，感觉疲惫 | 我需要不时地睡上一觉<br>即使我睡了一个好觉，我还是觉得很累 |
| 对你曾经喜欢的活动失去兴趣 | 过去做过那些事我都不喜欢做了。<br>没有什么东西能让我再感兴趣了。 |
| 你的食欲发生变化，比如吃得太少或吃得太多 | 我吃东西是因为它对健康有好处。<br>我忍不住还想吃 那些对身体不好的东西，我就是想吃 |
| 注意力集中困难 | 和别人说话时，我的思绪飘忽不定<br>我不记得我说过的事了，或者我不记得要去做什么 |
| 感觉不知所措，思绪混乱 | 感觉自己在超负荷运转，所有的想法都搅和在一起，什么事都弄不明白 |

/ 警告 /

　　产后精神病是一种非常罕见但却十分严重的心理疾病，每1000名产后女性中会有一至两名这样的女性出现。目前引发该病的原因尚不清楚，但其症状却比较明确，包括：

　　（1）感觉异常强大、有力量或天下无敌。

　　（2）拥有奇怪的想法（例如，人们正策划伤害你的孩子）。

　　（3）听到或看到根本没有的东西（幻觉）。

　　（4）相信那些远离现实的事情（错觉）。

　　如果你自己具有这些症状，或在任何一位新妈妈中发现这些症状，请立即寻求帮助。详情可参阅紧急护理方案。

首先，对于那些人，他们认为自己有许多抑郁和／或焦虑的症状，但却没有伤害自己或自己的孩子的想法，他应该去这么做：

**尝试一些新办法**。花些时间浏览一下本书所提供的方法，尤其是第 3 章的那些办法。这些专门设计的办法可对你的各种想法或行为提供有针对性的帮助。

**谈论它**。只要有可能，告诉那些你所信任的人，你现在的感受是什么样的。他可以是你的爱人、朋友或母亲。研究表明，对于那些经历过痛苦的女性，近 75% 的人认为与别人谈论自己的感受是减轻自己痛苦的最有效办法。

**寻求专业人士的帮助**。如果这些方法还不足以让你长期低落的情绪有所改变，找一个值得信任的人去交谈对你也没有什么帮助，那么你可能更需要有针对性的帮助，看看有什么样的特别办法才适合你。可以预约你的家庭医生，让他给你介绍一位产后护理专家。将你现在的感受列出一个清单，带着它去见那个专家，就你的问题让他提出建议。

其次，对于那些人，他们已经有了伤害自己或自己孩子的想法，或者出现了类似产后精神错乱的症状，请立即寻求帮助。

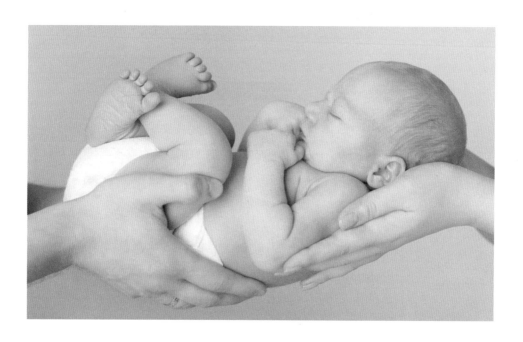

## 若患病不要回避，要积极进行治疗

有很多母亲在应该大声说出自己的悲伤（或焦虑）症状时，却保持了沉默。她们这样做的理由虽然并不完全符合逻辑，可却也显得十分充分。只要弄清楚这些谬见，你就不会去回避寻求帮助了。

**"有人会带走我的孩子。"** 对每个母亲来说，这可能是她一个最大的恐惧了，她们会有这种想法，通常是因为她们对儿童救助机构的工作方式抱有过时的观念（受好莱坞电影那些毫无根据的情节影响）。你应该清楚这一点：患有 PND 或 PNA 不是排除你照顾宝宝并把宝宝带走的理由，我已经在儿童救助机构工作超过 15 年，我可以自信地说，这些机构很清楚，对宝宝最好的救助就是让他得到妈妈的照顾。当然，除非这个妈妈有杀人的想法。这些机构工作时，将尽可能让你参与每一件事，如研讨你的临床症状，增加你与孩子之间的联系，等等。

**"这又是何苦呢？没什么东西能治好我。"** 我一直很好奇，为什么这么多患有抑郁症和焦虑症的女性会有这个结论，她们又是怎么得出。我想问问她们："你是根据什么得出这个结论的。"不过，患有 PND 的女性通常不会和我就此进行辩论。研究表明，同时接受了认知与行为干预治疗的妈妈们，高达 80% 的妈妈会有一个积极的反应。适当的药物治疗效果也很好，可是，除非提供心理上的支持，一旦停止用药，这些妈妈的病情很容易复发。

**"我不想吃药。"** 对妈妈们来说，她们对药物以及抗抑郁药有很多的认识误区。许多人认为这些东西对自己或宝宝都是极其有害的。事实上，目前的抑郁药并不会让人上瘾，有些抑郁药甚至在母乳喂养期间都可以安全服用。不过，谈及药物，有一点总是很重要的，那就是要确切地了解其副作用和安全性等相关信息，然后再去做出自己的决定。因此，在用药的选择上，必须要听取医生的建议。请记住，你可以只选择用药物进行治疗，但药物治疗不是唯一的选择。如前面所讲，心理治疗也是有效的。然而，对于比较严重的抑郁或焦虑，最好的办法还是将两者结合起来进行综合治疗。

**"难道这不是所有母亲的感受吗？这不是正常的吗？"** 把这个谬见一脚踢到垃圾桶，我都会嫌它弄脏我的鞋。虽然有一些情绪低落的日子是很正常的，但是持续的悲伤或焦虑就不正常了。你和你的宝宝应该得到更好的心情。

　　"我只是一个爱抱怨的妈妈，我以后不抱怨就可以了。"心理健康问题不是你想选或者不想选的事，它们也不是我们想摆脱就能摆脱的事。你有没有听过有人向心脏病或糖尿病患者提出什么建议？当然有过，改变生活方式对它们就很有用。就像一种疾病总有可以改善它的东西，一些事情也可以改善我们情绪或者抑制恐慌。心理健康问题需要认真对待，并给予相应的治疗。

## 如何找到一个好的心理咨询师？

当你决定走出这重要的一步，找你的家庭医生谈话，让他为你介绍临床医学家或心理咨询师时，这时你的选择就是至关重要的了。对许多家庭医生而言，他们会把一些心理学家、心理咨询师和一些心理健康专业人士推荐给你，不过，最好你还是就此亲自做一番调查。毕竟，是你去治疗的场所，是你去拜见的咨询师，能让你感到舒服才可以。

### 步骤 1. 获取相关信息

一旦你得到了被推荐的人选，直接联系对方（或者和他们的秘书交谈，只有他能帮助到你）。你可以问他们如下的问题：

**一个女人带着年幼的孩子，她患有 PND，并有其他情感问题，对于这样的咨询者，咨询师有过什么经验？**你确实需要这样一个人，他在你最需要帮助的领域具有丰富的经验。如果他更熟悉和优秀的运动员打交道，或善于解决男性的性问题，你还是继续寻找更合适的咨询师吧。

**咨询师的职业资格证书和执业注册登记是怎样的？**最理想的情况，你会看到这样一个心理治疗师，他在心理学、社会工作或咨询技巧等方面受过综合性的训练。如果他们在专业机构中注册过，那么你可以认为，他们会不时地接受培训，以便了解那些最新研究成果，并提高自己的职业技能水平。

我的第一个心理咨询师说来说去，就是告诉我，我应该回家，享受和孩子在一起的时光，这让我感到前所未有的孤独。幸运的是，我的一个朋友劝说我去试试她用过的咨询师。这次咨询经历正是我所希望的——他们真正地理解我，我也很快就取得了进展。

**科琳 / 三个孩子的妈妈**

**多长时间后，可以第一次约诊？**如果你现在的情况很糟糕，还是尽可能快地见到咨询师比较好。不过，如果你的朋友或医生，对你建议说，某一个专业咨询师是非常非常好（对你来说，口碑通常是找到合适人选的最佳方式），那么这样的人还值得一等。

**咨询时，你能带上自己的宝宝吗？** 有时咨询师会对你说，最好还是你自己来，这样可以充分利用咨询时间。虽然他说得有一定道理，但如果你不能带孩子去，那么这个咨询师可能不是你的最好选择。

**咨询所可以方便婴儿车进出吗？** 如果你需要带上自己的宝宝去咨询，那么你必然要带上很多东西，这样当你进行咨询时，就能更方便地对宝宝进行照顾了。因此，寻找一个合适的咨询所就很重要了，在那个地方，你能把自己的婴儿车推进治疗室，可以穿过通道进入一个比较大的盥洗室（这样当你需要时，就能推着婴儿车进去）。

### 步骤 2 . 对自己的第一约诊进行回顾和评估

在第一次约诊时，或当你考虑以后的约诊时，你要问自己如下的问题：

**你觉得咨询师了解你吗？** 你觉得咨询师知道你是从哪里来的吗？他看起来理解你，对你有同理心吗？他看起来是否对你要进行心理咨询的决定颇有微词？如果你想从治疗中取得最大的效果，和你的咨询师建立良好的关系是非常重要的。

**通过咨询，对于你自己，你了解到了什么？** 对于你的诊断结果，你又了解到了什么？能够和咨询师一拍即合是件好事，但现在我们谈论的不是如何结交一个新的好朋友。这个咨询师还需要有能力评估你的情绪状态，让你确确实实地知道你是否有一个明确的诊断结果，还是没有诊断结果。当你想离开时，你是否已经了解到咨询师是如何看待你的症状的，产生的原因是什么，如：与童年期的问题有关，生物机理所决定的抑郁，一个令人棘手的宝宝，与你的爱人或家庭的关系困难，或者一系列因素的结合。

**他有什么计划吗？** 即使咨询师已经为你做出了明确的诊断，或者对你的症状有了其他解释，你也有必要去了解他接下来针对这些情况要做什么。他是否提出了一个治疗计划（比如认知行为疗法或人际关系治疗）？他建议要进行多少次治疗？如果症状没有改善，接下来的治疗方案又是什么？整个治疗计划要花费多少钱？

**咨询师将如何与其他专业人士交流？** 取得治疗效果的一个关键因素是确保你的咨询师和你的医生在你的治疗需求上观点一致。他们对你的治疗情况进行交流，需要征得你的同意，并要让他们清楚地明白，他们之间和你有关的那些谈话内容，最后都必须告诉你。

### 步骤 3. 多给治疗留点时间

我通常建议人们先尝试着进行三次治疗，然后再去判断治疗是否取得了一定效果（这有点像刚去上了一次有氧运动课，发现它没能让你健壮，然后就放弃了）。改变一个人的想法和情绪需要时间，有时与人交流也需要时间。尤其是当你感到沮丧和焦虑时，要想有所改变可能比正常情况下更难。

但是，如果你觉得你的咨询师不了解你，或者你觉得他大费口舌却没有把注意力放在改变你的症状上，那么是时候采取行动了。回到你的家庭医生那里，表达你的担忧，请求他给你介绍另一位治疗师。

### 步骤 4. 不要轻易放弃

就像为了寻找一个完美的爱人，你不免要在几个人身上试试运气。你可能有几个最要好的朋友，但要想找到一个和咨询师有关系的朋友，那可就需要花费不少时间了。所以，可以去问问你周围的人，在幼儿园或你的妈妈群中一定会有那样的人——她总会认识那样一个人，因为某种原因和咨询师打过交道。

### 步骤 5. 结束治疗

不是 6 次，10 次，甚至 20 次治疗。当你觉得即使没有咨询师的支持，你对成为一个好妈妈也信心十足时，治疗就可以结束了。在治疗的末期，我倾向于预约最好在时间上间隔开一点，也许一月一次或两月一次。与我有预约的一些妈妈，在治疗完成后的头几年，每 6 个月就带着孩子来做检查。

检查时，既要对你自己产后疾病进行检查，也不要忽视了你和宝宝之间的建立亲子联系的困难。你对自己与宝宝之间的关系，如果有任何挥之不去的担忧，都需要得到彻底解决，只有这样，你才可以放心地解除和咨询师的医疗关系。

## 男性也会患产后心理疾病

人们普遍地（错误地）认为，产后心理疾病完全是女性的专利，事实恰恰相反：

**男性也可能会变得非常痛苦（或焦虑），在产后期，大约十四分之一的男性会出现足够严重的症状，从而被确诊为患有产后心理疾病。**

**更糟糕的是，在被确诊的男性患者中，大约有一半，他们的爱人也会被诊断出患有产后心理疾病。**

因此，常常是无数对夫妇同时承受着为人父母时所带来的痛苦。别指望他们能在大众媒体中得到应有的重视。那些饱受折磨的父母和他们所经历的故事，那些时尚高端的育儿杂志总是对此视而不见。

更严重的问题是，新爸爸们不会像新妈妈们那样会到医疗服务机构去寻求帮助。他们不习惯带孩子去看医生、母婴健康护理人员或助产士，而我们的产后心理疾病症状通常在那里才会被发现。男人常觉得他们不应该和自己的爱人谈论彼此的问题，因为他害怕会让自己爱人的情况变得更糟糕。许多父亲也避免去寻求支持，因为他觉得男人患上产后疾病会受到公众的歧视。

## Top 10

# 新爸爸如何帮助患产后
# 心理疾病的妈妈

Tips to help mothers with postnatal distress

**❶** 要让她放心，这不是她个人的问题。产后抑郁和焦虑既不是一个个人的选择，也不能由此推论你就是一个坏妈妈。它的成因非常复杂，以至于在现实中，任何一个人都有可能出现相同或相似的症状。

**❷** 提醒自己，这也不是你个人的问题。并不是因为你对她支持不够，或者自己是一个坏丈夫，她才得了这种病。当她哭泣尖叫时，"这太过分了！"她也不是在责备你。这时，你要深呼一口气，不要跑掉，她比任何时候都更需要你。

**❸** 鼓励她去寻求各种支持。她为解决自己情绪低落的问题而做的每一次尝试，你都要进行鼓励（即使她的选择不是那么准确，你也要这么做）。通常情况下，女人会首先去拜访一个其他领域的专业人士，如私人教练或营养师，然后接受他们的建议，才去开始寻求心理关怀之旅。

**❹** 反思自己的行为。因为你每天朝九晚五地上班去赚钱，你是否就对家里的事情不是很上心，或者你希望她要高看你一眼？要记住，只要观察一个妈妈足够长的时间，你就很快会意识到她从来没有从自己的育儿工作中走出来。当你完成了养家糊口的赚钱工作，你还要和她一起完成家中的育儿工作，尽管没人会为此付你工钱。如果你投入育儿工作的时间足够长，你会意识到，这件事对你们俩来说都变得更难了，因为你很可能在帮倒忙。孤独是导致灾难的一个重要原因，所以你要鼓励她要与家人一起共度夜晚，鼓励她和积极支持她的朋友们多聊天，汇报一下自己日常琐事。也许你可以早点出门，早点回家，这样，你的爱人就不会在长夜里感觉到孤独。

**❺** 把你的睡眠安排好（还有她的）。睡眠对保持头脑清醒意义重大。睡眠足够，你会获得一个坚实的平台，去演好父亲这个角色。错过了良好的睡眠，你头脑里的

那些聪明可能瞬间溜走。你要保证自己睡个好觉（或者早点睡觉），当你这样做的时候，她也常常会跟着这么做。

❻要让她清楚，她自己要照顾好自己。鼓励她从孩子身上抽出一些时间，出去到沙滩上散散步，或者和朋友们一起过过夜生活。对那些不愿离家出门的女人来说，你给她洗个澡，或者在她看杂志的时候哄宝宝睡觉，她会感激不已。

❼也要照顾好自己。有一个患产后疾病的爱人不但有时会令人恐惧，而且还会让人非常疲惫。一定要找时间出去锻炼锻炼，或者和自己的爱人出去游玩。

❽呵护你们之间的关系。你们之间关系的好坏是预防各种产后问题的一个强有力的保护性因素。如果有必要，你可以找个临时性的保姆，一定要抽出时间和对方待在一起。

❾把一些日常家务分发出去。如果丽塔阿姨做了一道令人回味的砂锅菜，那就安排她每周二定期送来一份。找个清洁工来把那些总是乱七八糟的东西整理好。与洗衣店保持联系，让它来帮你清洗和熨烫你的衣服。

❿寻求专业人员的支持。当涉及产后问题时，你和你的妻子都应该得到任何帮助。有些心理医生或咨询师可能不会让你参与进来，如果她不太情愿去见他们，就不要让她去。如果进行治疗的是你，尝试让她和你一同去，但如果她不同意，就自己去好了。

## 了解更多产后抑郁症的知识

尽管你可能会在自己的情感世界里感到孤独，但你要做好准备，在网络空间里你可以发现一个全新的世界，那里可以为你提供各种各样的服务、支持和人脉关系。互联网功能强大，可以帮你找到许多网站，帮你更多地去了解自己的症状，但是我建议你要关注那些网站——它们具有很强的科研背景或有可靠的数据支持。

对许多已经摆脱产后疾病的母亲来说，一个最重要的因素就是从别人那里得到的启示和支持。有时，这些人是你出色的朋友，她们会让你摆脱所有的忧愁，卸下所有的烦恼。有时，她们给你以鼓励，和你一起分享她们自己的故事——她们患有PND或PNA，悲伤、愤怒、绝望和恐惧让她们感到绝望，但最终还是战胜了它们。

对很多人来说，了解一些明星妈妈曾挣扎于抑郁和焦虑之中对自己是很有帮助的，毕竟她们被认为是那么幸福：令人艳羡的名车，让人眼花的衣服，饭来张口的美食，以克拉来计算的珠宝。了解她们的故事，希望你能很快就认同，产后心理问题会影响到我们每一个人，不管她的经济状况、文化程度、年龄或之前的精神状态如何。

### 以下是一些明星妈妈对她们经历的描述：

波姬·小丝。这位前童星和成功的女演员在她的《当雨降落：我的产后抑郁症之旅》一书中，坦率地谈论了她的极端情绪，有时甚至是想自杀。在药物治疗和其他一些治疗的帮助下，波姬·小丝的抑郁症被治愈，她与女儿建立了持续的、良好的母女关系。她对自己经历的真实描述，对许多抑郁中的母亲来说，具有深刻、有益的启示。

我紧张焦虑，又时常伴随着恐慌，直到一种被摧毁的感觉包围了我。我几乎不能移动……这种令人震惊的悲伤时弱时强，感觉好像永远都不会消失……为什么我哭得比我的孩子还多？我好不容易才成为一个漂亮女孩的妈妈，可是却觉得我的生命已经结束了。天伦之乐在哪里？当成为一个母亲时，我所期望的幸福又在哪里？她是我的宝贝，我想要这个孩子已经很久了。我现在拥有了她，可我为什么没有感觉到一丝宽慰？那种感觉是那么遥远。

格温妮丝·帕特洛。这位多次获奖的女演员在很多采访和电视节目中为我们讲

述了她的为人之母的故事。她也出版了自己的书 *goop*，它对我们认识产后疾病的普遍性和治疗选择会有所帮助

在我情绪最低落的时候，我就是一个机器人，一点感觉都没有。面对自己的孩子，我一点做母亲的感觉都没有，这太可怕了。我一直无法和他建立联系，当我看他三个月大的照片时，我不记得那时他的模样……当我的儿子摩西2006年出生时，我希望在他出生后拥有另一段美好快乐的时光，就像我女儿两年前出生时那种样子。相反，我面对的是我生命中最黑暗、最痛苦、最脆弱的一章，大约在五个月后，事后来看，我才明白自己患了产后抑郁症。

布莱斯·达拉斯·霍华德。这位年轻女演员主演了《暮光之城：月食》，她在推特中谈到了自己的产后抑郁症，她说她每天都是马拉松式的哭泣，她失去了吃东西的能力，以及她是怎样猛烈地抨击着她所爱的人。

我的丈夫会问他能做些什么会对我有所帮助，可他知道他没什么可做的，我尖叫着咒骂他……回想起来，真是很奇怪，那个时候我竟是那个样子。

梅琳达·梅森吉。作为一个魅力四射的模特、封面女郎以及当红的电视主持人，梅琳达在自己的第一个儿子摩根出生后，就患上了轻度抑郁症，但在她的第二个儿子弗林出生后，她这次的抑郁症就变得更加严重了。对于她的第二次经历，她说它就像"一个黑暗的深坑"。梅琳达现在仍不时会经历一些情绪上的困难，她仍然是一个倡导定期并持续治疗女性心理疾病的人。

我有一种想自杀的感觉。我无法停止哭泣，在托儿所，在车中，在家里。我记得当时我在想："如果有辆车把我撞死了，岂不是太好了？" 我不可能那样对我的孩子们，我只是想让痛苦可以结束。

杰西卡·罗。这位著名的新闻记者和新闻主持人，在她的第一个女儿艾丽格拉出生后就经历了产后抑郁症。在她的书中，她描述了自己的心理压力，并涉及她与母亲群的关系。杰西卡后来成为抑郁防治组织 Beyondblue 的形象大使，以及该组织的围产期心理健康项目的赞助人。

虽然我知道哪里可以得到帮助，有家人的支持，请得起各种专家，但我还是感到羞愧。我想，我有什么权利感到沮丧？我拥有我所希望的一切，一个漂亮的宝宝，一个好丈夫。我觉得自己像是一个失败者。

你可以在网上搜索到更多的明星患上抑郁症的事情，当你在网上时，你也会看到很多关于 PND 和 PNA 的信息。在你的郁闷的日子里，不妨仔细一读。

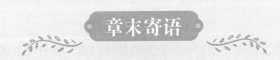

章末寄语

如果你已经阅读到本章的这个地方，我猜可能有两方面的原因。首先，作为一个母亲，你已经经历过一段艰难的时期。第二，你现在的精神状态非常好，或者你即使身处危机，也具有一种让人不可思议的阅读能力。

当我说"坚持"时，我觉得我好像在对所有的妈妈说话，她们经历了黑暗的日子，与最猛烈的暴风雨相抗衡。伴随着你的痛苦，这些都已过去了。你用尽一切办法——家庭、朋友、邻居、护士、医生、咨询师、求助热线或医院。你坚持着，即使不是为了你，那么也要为了你的孩子，因为如果没有母亲的爱，没有一个孩子会生活得更好。一个懂得去爱自己孩子的母亲，才会生活得更好。

愿这本书里的文字能给你带来勇气。愿你对孩子的爱给你带来希望。愿世界上所有母亲的力量给予你继续前进的决心。

露西生下来的第一年，大概有三个月的时间，我对她一点印象都没有。那段时间，我漫无目的地过活，仿佛自动驾驶一般，不知身在哪里，又将去往何处。任何事情都不能让我高兴起来。但后来我告诉了丈夫我是什么样的感觉，然后我们一起得到了帮助。针对我的抑郁症，我们采用了心理治疗和药物治疗，于是我的世界开始改变了。我的世界，不仅仅只是灰色，也有彩色，不仅仅只是悲伤，也有欢乐。过去我对露西毫无感觉，现在我想时时刻刻地抱着她。我对其他母亲的忠告是：不要等，要寻求帮助。你也能做一个伟大的母亲，只要你能尽快迈出第一步。

**娜塔莉** / 四个孩子的妈妈

第5章

建立亲子关系
妈妈宝宝甜蜜蜜

　　这一章为所有的妈妈和所有的宝宝而写。不管你是怎么照顾孩子的，如果你怀里抱着一个宝宝，那这一章就是为你准备的。

　　汉娜出生时，她的心脏就有些问题，需要马上做手术。前几周，一切就像坐过山车一样。我们常常以为我们会失去她。我没法给她哺乳，只能用注射器给她喂奶，考虑到会带来健康风险，我几乎没有跟她进行过肌肤接触。

　　当她开始好转后，我们可以带她回家时，我不让任何人去碰她。因为别人的触碰无疑就是一种干扰，我觉得会妨碍我和宝宝重新建立亲子关系。在医院时，我不敢和宝宝过于亲密，那么现在，作为一种自我保护的方式，我的宝宝很可能不会接受我。因此，我要十分努力地去爱她，去和她亲密。直到她四个月大的时候，我才觉得和她建立了真正的联系。

**吉玛** / 两个孩子的妈妈

　　是一见钟情，还是日久生情？妈妈和宝宝们建立关系方式差异很大，就像是一盒巧克力，从柔软、黏稠、甜蜜的品种一直变化到了大块硬糖的品种。

　　如果我是第二种类型，又该怎么办呢？除非你属于第一类人（即一见钟情的类型），你肯定觉得自己被抛弃了，就像犯了什么错误似的，或者觉得自己是一个失败者。我敢肯定，你绝不会把自己的这种感觉告诉其他人。的确，我们很难对多愁善感的朋友，还有围着宝宝转的家人去承认这一点——我们与孩子的关系是疏远的，而不是亲密的。

## 无法与宝宝建立亲子关系的情况多吗？

现实情况是，大约60%的新妈妈会在婴儿出生时或刚出生的几天内与自己的宝宝建立亲子关系。显而易见，那剩下的40%的妈妈就恰好相反。

如果你不走运，没有被丘比特的弓箭完全射中，那么先把"我是不正常的"的这类想法抛到一边，然后再来看看你的周围。很有可能，如果你正挣扎于如何和宝宝建立亲子关系，那么你的那些妈妈朋友们也会有一大堆同样的事等着她做。实际上，有多达10%的母亲在三个月后仍然发现很难与宝宝建立联系。

如果你想知道在这方面做得怎么样，那么"产后亲子关系调查表（PBQ）"可以帮助你，这个表会让你回答一些比较严肃的问题，例如"我很后悔有了这个孩子""作为一个母亲，我感觉陷入了困境""我害怕我的宝宝"。研究表明，PBQ可以提供一个可信赖的证据，在一个妈妈和新生儿之间的确存在早期情感纽带。实际上，我们并不真的需要一份调查问卷来统计母婴间的关系是何种水平。通常情况下，我们和孩子之间的关系，要么是让我们感到幸福，要么就是让我们感到痛苦。

怀孕期间我因为身体健康的原因，出现了几次恐慌，然后在36周左右的时候，我们意外地提前迎来了我们的女儿。但是，让我难以相信的是，我发现很难和她建立亲子关系。很长时间，我都在痛苦中思考着，这一切是否会好起来，然后我的女儿就没事了。可她仍然是不愿意从我这里吃东西，我也不想和她单独待在一起。这一切都是那么意外，让我没有什么心理准备。真是不容易。

匿名 / 三个孩子的妈妈

### 无法建立亲子关系的原因有哪些？

和宝宝建立亲子关系的过程很复杂，因此很难回答这个问题。然而，在多项对世界各地妇女的研究中，研究人员强调了以下一些比较稳定的因素会破坏建立亲子关系的进程。也许其中的一些可以解释你目前的情况。

**怀孕过程比较艰难。**先让我列举几个怀孕期很容易发生的事：恶心、妊娠期糖尿病、严重背痛、静脉曲张和痔疮。如果这些特殊的情况不幸发生在你身上，那么产后你就很难和自己的宝宝建立快乐的亲子关系，或者说，你对宝宝的感觉更像是在忍受一种刺痛。在建立这种负向结合的过程中，我们的大脑在试图保护我们，那些曾伤害过你的东西几乎都被它给抛弃了。这就要求我们要主动接管自己的大脑，提醒自己，我们的孩子没有伤害我们的企图。实际上，我们的宝宝只是在做一件事——慢慢长大。

**分娩过程比较艰难。**现在让我列举几个分娩期很容易发生的事：外阴切开术、三度撕裂、出血、紧急剖宫产。如果你经历过某些类型的分娩创伤，那么在你出生后相当长的一段时间内，你对各种事物的感受能力就会受到破坏(除了恐惧或麻木)。要记住，我们的大脑是这样工作的：在历经了那些恐怖时刻之后，我们的大脑不再专注于如何去爱另一个人，而是专注于如何保护自己，避免这种事情再次发生。关于分娩创伤的更多内容，请参见第1章，但最重要的是，在经历了那些重大的创伤性事件后，在你慢慢调整自己的过程中，一定要善待自己。

**早产。**我们都会想自己的宝宝应该看起来很漂亮，即使在他刚生出来的那个时刻，浑身黏糊糊的，蜷缩成了一团，他看起来也十分可爱。但对于那些早产的婴儿来说，你大概就不会那么想了。一般情况下，他们看起来和我们想象中的婴儿相去甚远，甚至还会吓到我们。我们可能会一直处于震惊状态，也许甚至连儿童汽车座椅或婴儿床都想不到去买了。更糟糕的是，对于许多早产儿来说，他们需要特殊的医疗护理，这样我们就不能去接触他了，这种接触的缺失会导致我们可能去想，他真的是我的孩子吗？我们可能还会担心，如果我们去与孩子建立联系，然后他又不幸死去，那所有的这一切我们将很难面对。看起来有点奇怪，但这是我们的大脑保护我们的一种方式，避免我们去过分依恋某种东西，以免失去它时，我们会感到恐惧。

**成人关系面临困境。**是否在你怀孕时，孩子的爸爸不想要这个孩子？他是否对你没有去做流产感到生气？是否你在自己的社交圈里逐渐变得销声匿迹？当这些事情发生时，只要我们的生活变得艰难，我们很可能就会把这一切归咎于我们的孩子，开始责备他。我们的大脑也在试图帮助我们——如果我们能把生活中出现的问题归咎于某些东西，那么下次我们就会避免同样的事情再次发生。但是，我们需要再次提醒一下自己，那些成人关系的改变并不是孩子的错。如果你现在打算要留下这个孩子，其他人也无法说服你让你改变想法，那么作为一个成年人，我们要积极乐观，把那些劝说你的人扔到一边，去和支持你成为母亲的那些人来往。

**觉得自己不足以照顾好孩子。** 喂养、消毒，安抚宝宝、让自己平静下来，睡眠不足，健康问题，对于一个新手妈妈来说，把要做的事和所面临的问题写在一个清单上，那它将是无止境的。这可能让我们觉得，对于育儿工作，自己做得还远远不够好。当这种情况发生时，我们就可能会逃避，不想与自己宝宝建立关系。我们开始觉得，如果没有我们，自己的孩子就会过得更好，于是我们的大脑就陷入了反复的思索中，变得不再自信。"没有你，孩子的生活就会更好"这句不太正常的话，就成了你自我对话时的主旋律。如果这能解释你的感觉，那么请记住这一点——这个世界上，没有一个孩子不想和自己妈妈建立亲子关系。在适当的帮助下，世界上也没有一个妈妈，她的感觉和行为会一模一样。所以，还是去找找你的医生，让他帮助推荐一个合适的心理专家。

**感到沮丧或心里觉得痛苦。** 一些妈妈会发现自己的情绪会阻碍自己与宝宝建立亲子关系。我们可能会感到太难过、太迷茫、太焦虑，或者以上的一切，这些都阻碍着我们。从某种意义上说，就好像我们的大脑在对我们说，"你才是那个现在需要被照顾的人"，你不能离开房间去照顾其他人。如果你是这个样子，那么你就需要寻求帮助了。可以迅速翻到本书第 4 章，去了解一下关于产后心理问题的内容，为了你和你的孩子你应该改变自己的这种情况。

在我以前的生活中，我的宝宝非常挑剔，让人难以接近，在得到心理治疗师的帮助后，在我眼里，现在的他可真是一个漂亮的小宝贝。真是难以置信，这和我以前对他的感觉完全不同。我劝告所有的母亲，如果她们不能和自己宝宝建立亲密关系，还是要去寻求帮助。当然，也不是非得这样做。

**内莉** / 四个孩子的妈妈

### 如果没有很快建立亲子关系，宝宝会痛苦吗？

**在回答这个问题之前，先来看一些相关的背景知识。**

**依恋是寻求关怀**。我们孩子的大脑天生就会去寻找对别人的依恋。这是他们的本能。他们会尽其所能地（也会用尽可能小的代价）去寻求与另一个人的亲密关系，这个人让他感到舒服，给他带来保护，帮助他面对这个疯狂的新世界，能正确地"表达"出自己的感受。他们的咕咕声和嘎嘎声，以及喂食时他们依偎在我们身上，他所表现出来的这些小聪明，都是有原因的。而他们或大或小的哭声我们也不能忽略，或大或小的哭声总意味着他这样或那样的目的。这些都是婴儿要实现自己目的的组成部分，而他的目标就是寻求与我们建立亲密的关系。

**建立亲子关系就是给予关怀**。关怀宝宝，这是一件我们（无论父母还是照顾者）都愿意做的事。通常，对我们来说，这也是不同程度的本能。我们想要亲近自己的孩子，让他感到舒服，为他带来保护，看看他出了什么问题并帮他解决。所以，我们习惯于孩子哭闹时抱起他，附和他的咕咕声和嘎嘎声，我们希望宝宝愿意和我们亲近。

**完美主义不是必需的**。你是否注意到，我并没有在对"亲子关系"和"依恋"进行解释时提到过完美和无可挑剔这两个词？原因也很简单，它们根本就不重要，或者说，在与宝宝建立亲子关系时，根本就不需要它。我们的宝宝不要求我们有多完美，只要足够好就可以了。对我们来说，在宝宝出生后的早期，这些足够好的东西又是什么呢？其实，只要遵循下面这一基本过程就可以了（如图 5 所示）。

图 5 宝宝情绪变化图

这种循环非常重要，你会注意到，通过这种方法，也即宝宝对我们发出警告他有所需求，我们对他的企图做出回应，并通过提供拥抱、庇护、温暖或食物满足他们的需要，只要不断重复这个过程，宝宝就会开始对我们产生依恋。

这种方法很简单，它不要求我们与宝宝彼此深爱、彼此敬畏，也不要求对宝宝的每一时刻都感到惊奇，更不要求我们的心灵完美无缺——没有焦虑、沮丧、愤怒或不愿当一个妈妈的那种念头。唯一的例外就是，当我们有伤害自己孩子的想法时，我们就需要寻求帮助。（详见第 4 章）

值得注意的是，我们千万不要去做下面的事：

（1）长时间忽视我们的宝宝；

（2）吓唬我们的宝宝（例如，表情变得可怕，或提高嗓门，或假装把他们扔了）；

（3）故意伤害我们的宝宝。

## 如果迟迟不能建立亲子关系，会出问题吗？

一些媒体报道称，对于那些亲子关系不好的母亲来说，她们的孩子智力或智商会比较低。另一些人则认为，这样的孩子在以后可能会出现严重的行为问题和情绪困扰，从而很有可能最后被关进监狱。比起这些媒体的危言耸听，估计很难再找出更让人恐惧的东西了，它会让一个已经自我调整好的母亲变成一个神经质，苟活于充满负罪感的阴影里。

比起空想的剧本，下面才是现实的剧情。亲子关系非常重要。你可能有过这样的亲身体验，在人际关系中，对方体贴、和蔼，有关爱之心，并了解你的需求，那么你就会感觉良好，表现优异，通常情况下也很容易满足。研究已经不止一次地表明，在安全的依恋关系中长大的孩子，比与之情况相反的孩子，确实更能茁壮成长。

但是，不要相信那些媒体炒作的话，就如它们夸张地说，和宝宝建立亲子关系的机会是如何的稍纵即逝。事实上，研究已明确指出：

**我们还有时间。**通常情况下，婴儿在两到三个月大时，才会表现出对某个照顾者的强烈偏好。就像大自然知道在某些时候，母亲需要时间去处理产后抑郁症、分娩创伤、孩子的疾病或其他别的什么，它也给我们留了一段时间去让别人代行你妈妈的职责。这意味着其他人可以插手来帮忙，帮助我们满足宝宝的日常安全需求，与此同时，随着我们的好转，我们也在逐渐增加我们与宝宝的联系。

**我们的宝宝也会帮助我们。**即使我们仍挣扎于各种情绪之中，我们的大脑也正在加班加点地帮助我们与孩子建立关系。贝勒医学院的科学家们已经发现，看到我们孩子的微笑，我们就会产生一种自然的快感，因为它激活了大脑奖赏处理区域的愉悦受体。从科学的角度来说，这个区域被称为多巴胺能区，它通常被认为与食物、性和药物成瘾密切相关。这可能不是巧合，许多母亲都说，她们第一次看到孩子微笑时，就觉得两个人是如此亲密。

所以，即使是在你最糟糕的日子里，你也要安慰自己，无论你对自己宝宝的感觉是什么样，他都会坚定地追求他的目标，去寻求依恋关系。

即使在产后的头几天，你感觉有点虚脱、呆板，或者筋疲力尽，你仍要坚持不懈地对宝宝的需求做出响应，这样的行为事实上每个母亲都能做到。即使你和宝宝的情感联系还没有什么进展，你也要坚持那么做。

## 建立亲子关系就是长时间、近距离接触宝宝吗？

目光穿过房间看向你的宝宝，并对他微笑，当你淋浴、在浴缸里洗澡、上卫生间时，对你宝宝说话或给他唱歌，类似这样的事情你可以进行很多次。

对于那些有好几个孩子的妈妈来说，这些方法可以说非常实用，比如一边喂养一个孩子，一边和另一个孩子保持联系。当然，只要有可能，我们应该满足所有宝宝的需要，并和她们亲近。不过，婴儿生来就会应对我们种种的不完美，有时候我们做不到每次都去亲近他，或者第一时间亲近他。

当我有了第二个孩子时，我意识到，与我的第一个孩子比起来，他的生活体验会有很大不同。对我的第一个孩子，当她很痛苦时，每次我都能走向她。但是对两个孩子，我意识到这是不可能的。有时，我的宝宝哭了，等着我过去安慰他，他也只能等着，等着等着他自己就不哭了。当我把他抱起来时，他看起来已经很平静了。等他长大后，我想他也能更好地面对生活的起起落落。

**贝琳达** / 两个孩子的妈妈

## 有哪些建立亲子关系的方法?

有些妈妈从一开始就知道如何与宝宝进行沟通。一旦你看过下面的建议,你可能就会惊讶地发现,和宝宝建立亲子关系的那些举动都太容易了,而且你也会喜欢去做这些事情。

建立或维持良好亲子关系的方法通常可以根据五种感觉进行分类。

### 气味

有没有注意到曾有人谈论过婴儿的气味?近距离地闻闻我们的宝宝,并足以使宝宝能闻到我们,这是我们与宝宝建立亲密关系的一个重要方法。为此,我们要做到以下两点:

(1)花时间去了解宝宝的气味,并注意它是如何变化的(提示:当他们尿湿了尿布时,可不要去闻哦)。当宝宝感冒时,耳道感染时,以及尿路感染时,宝宝的气味闻起来都不相同。

(2)尽量避免浓重的香味,以便让宝宝知道你真正的气味。这有助于他们在年龄稍大一点的时候去寻找妈妈的气味,就比如当他依偎着玩具或抱着毛毯时,那上面留有的妈妈气味会让他感觉很舒服。它还能帮助宝宝知道,当他想要入睡时,我们就在他旁边,并没有留他一个人在那里。

### 声音

婴儿可以进行"交谈",当然,不是成年人的那种交谈。研究已经证实,婴儿通过一系列声音、手势、嘴或舌头的运动以及面部表情与他人进行交谈。如果我们和婴儿进行互动式快速问答,我们完成我们这部分内容,他们也将学会轮流"说话"。这有助于我们之间建立亲密关系,也有助于宝宝长期的语言发展。

现在宝宝还非常小,这么做看起来是有些奇怪。可以试试下面的办法,去开发宝宝的内心世界,打开他心里藏着的那个话匣子。

• 把你的宝宝放在一个你们可以面对面互相看到的地方;

• 对他说点什么,任何事情都可以——只要这些话是积极的和简短的;

• 给宝宝留点时间使他可以回复;

• 让宝宝引导你的话题(例如,如果她表示对玩具感兴趣,就谈论玩具);

• 如果谈论的话题无法进行下去，拿出事先准备好的图片或玩具，问宝宝喜欢什么，或者谈论玩具；

• 当宝宝发出声音时，重复并扩大宝宝的声音，就像你平时说话那样；

• 你和宝宝一起去做的那些事（喂食、换尿布、给他洗澡，等等）为你们进行谈话提供了绝佳的机会；

• 只要你的宝宝看上去有兴趣，你就继续做下去，之后就安静下来，或者唱唱歌，或者做点别的什么，对话时，我们都需要不时地休息一下，我们的宝宝也是这样。

### 触摸

自从 20 世纪 50 年代哈里·哈洛（Harry Harlow）进行恒河猴实验以来，我们就知道了轻柔触摸对宝宝的重要性。在这些实验中，小猴子们不断重复地表现出一种偏爱，它们喜欢一个柔软的、喜欢搂搂抱抱的假妈妈，而不是一个硬邦邦的假妈妈（全部由铁丝做成），即使这个硬邦邦的假妈妈为它们提供食物，情况还是没有改变。为什么会这样呢？下面就是研究所告诉我们的东西：

皮肤是我们最大和最敏感的器官，这意味着，即使宝宝听不到我们的咕咕声，看不到我们的面部表情，闻不到我们的气味，他也能通过我们的触摸知道我们在和他进行联系，知道我们的存在。

在所有的感觉中，人们认为在宝宝出生的时候，触觉可能是最发达的。

触摸可以改变催产素的水平，这意味着一个被爱抚的婴儿可能会更放松。的确，触摸是婴儿早期的拯救疗法，也是一种抗抑郁剂，它能平衡应激激素，而这种激素常常在婴儿刚出生的前几周出现，会让婴儿变得激怒（定期按摩对妈妈也有类似的好处）。

不仅仅是婴儿能从触摸中得到一些好处，就妈妈与婴儿建立亲子关系的亲密程度而言，抚触对一些妈妈也很有帮助。研究表明，抚触是与宝宝建立爱的联系的最快途径。你可以试试下面的方法与技巧：

**把孩子绑在身上**。是的，最新的流行趋势之一（尤其是亲密育儿的强烈推崇者）就是把你的孩子绑在自己身上，可以绑在腹部，也可以绑在背部。有些人更喜欢传统的方法，将大量的布料绑在孩子身上，而另一些人主张使用抱婴袋，如宝贝熊这个品牌。

**拥抱孩子**。是否有过这样的时刻，当你安慰哭泣的宝宝或给他喂奶时，他依偎在你身上开始打盹？你可以利用这个机会让他们在怀里依偎一会儿。即使你不喜欢自己的宝宝睡在除了婴儿床以外的任何地方，也可以有一个小小的例外，这一点很重要。当然，当孩子醒着时，拥抱的机会是无穷无尽的，因此你要抓住每一次机会。

**露出你的胸部**。无论你是母乳喂养还是奶瓶喂养，在喂食过程中皮肤接触都是保持亲子联系的好方法（最好是在你自己家的私密空间里完成）。

**亲吻宝宝**。没有什么能像一连串的吻那样，可以表达出亲密关系了。朋友们可能会在你的脸颊上快速吻一下，但如果一个人能让你反复地去亲吻他，并发出咂咂声，那么你就是他心目中最重要的人之一了。你可以亲吻他的小肚子，在你喂他时亲吻他的小脑袋，拿起他的手亲吻每一根手指（宝宝特别喜欢把自己的手指放进你嘴里）。每一次宝宝睡觉前，多亲吻他几次，也是一个不错的睡前习惯。

**每天一次 SPA 按摩**。几乎每个人都喜欢按摩，也包括我们的宝宝。每个人的皮肤敏感性都不相同，有些人只喜欢腿部按摩，有些人只喜欢在白天特定的时间按摩，有些人只会在洗澡或吃东西时让人帮他按摩。因此，选择按摩的方式和地点要有灵活性，而不要仅仅听信那些虔诚的瑜伽练习者的话。如果你想现在就开始按摩，下面是一些相关的建议。

### 婴儿按摩须知

为了让你的按摩体验尽可能地简单和愉快，你务必做好以下的事情：

• 按摩时，宝宝是裸露的，因此要仔细测量房间的温度，看温度是否合适。

• 找一个舒适的地方，让宝宝躺下来（一个小床垫或在婴儿垫上铺上毛巾，都是不错的选择）。

• 如果可能的话，排除掉房间里的干扰因素，并把灯光调暗。

• 喂一下你的宝宝，看看他是否很满足（如果他真的很激动生气，先去安慰他、拥抱他，然后再开始）。

• 准备适合婴儿的按摩油——精制的葵花油是目前被广泛推荐的（婴儿按摩网站或医疗用品商店有售）。

在按摩开始之前，搓动你的双手或用其他办法，让你的双手和手中的油变得温暖。要让宝宝看到和听到你正在做的事情（这会成为一个提示——按摩马上开始了）。

按摩前，问宝宝是否同意按摩。这看起来有点奇怪，一个小孩子怎么会知道他该如何回答呢？如果你的孩子已经适应了周围的环境，当你要为他做一些事时，他会给你一个暗示，他是喜欢还是不喜欢这件事，当然也包括按摩。所以我们可以这样开始，"现在我们可以做按摩吗？"看看宝宝的反应。如果他把目光投向你，身体也放松了，就表明这时是开始按摩的好时机。不过，每个宝宝的许可暗示都有所不同。

把你的手轻轻放在宝宝的腹部（如果宝宝的腹部过于柔软，像肩膀这样的身体大部位也可以），让你的手和宝宝身体的温度趋于一致。保持目光接触，向宝宝解释你要做什么，例如，"我把手在这里放一会儿，然后我们就可以开始按摩了"。

在他的身体上做轻柔的抚摸动作，按摩他似乎喜欢被按摩的身体部位（所有的宝宝都会喜欢身体的某些部位被按摩，而不是全身的每一处）。每次按摩时，宝宝的喜好也会变来变去，因此，每一次按摩都要灵活，留心他喜欢按摩什么地方。

在按摩过程中，你可以小声地说你正在做的事情。你觉得宝宝现在是什么感受，你就对他怎么说，例如，"你肯定喜欢自己的小腿被妈妈抚摸，不是吗？"

如果宝宝感到紧张痛苦，停下来安抚他，然后再继续开始。

让你的宝宝知道什么时候按摩会结束，例如，"这就是我们今天的按摩，该结束了"。试着以一种仪式性的方式来结束按摩，比如把你的手轻轻地放在他的头上，给他一个吻，或者其他看起来适合你的方式。

按摩时，婴儿们似乎在某种程度上把他们的大小便、口水都存储起来了。所以，事先要准备好一些额外的纸巾和毛巾，既为了按摩后的清理做准备，也为了按摩时的放松时刻宝宝可能拉大便做准备。

**蒂芬尼** / 三个孩子的妈妈，富有经验的按摩师

## 目光

随着宝宝年龄的增长，母子间的目光接触变成了另一种让彼此深深吸引的爱的力量。他们会发出声音，挥舞着手臂，用尽所有的力气扭动他们的小身体，只为了把我们的目光吸引到他们身上。为什么会这样呢？因为当我们看着他们的时候，他们的大脑会告诉他们，我们与他们的需要（情感上和身体上）已经联系在一起。

来自波士顿儿童医院布雷泽尔顿研究所的教授纽金特，在描述与婴儿进行目光接触时，曾经这样说过："我们相信婴儿一出生后就会去寻找人或一些东西，而这一点对他来说至关重要，所以他们常常被人脸所吸引，而不是被其他的东西。当妈妈和宝宝互相对视时，宝宝会有这样的感觉，'我很好，世界也一定很好，因为这些人充满爱意地看着我'这是信任的开始"。

一些妈妈可能会发现，目光接触也可能变得具有对抗性的、无聊的或者两者兼而有之。如果你对盯着宝宝看缺乏必要的信心，试着把它想象成看一场电影——当你看电影的时候，你不需要做任何事情，但是你的面部表情却会随着剧情而改变，与此同时，你也可以大声地描述你所看到的。所以如果宝宝打哈欠了，你可以对他说："打哈欠是件好事。"如果他表情痛苦，你可以说："哦，这张脸告诉我你可能有点着凉了。"

不过要记住，长时间盯着别人看会让人不舒服，对你和宝宝都是如此。所以，当宝宝休息并把头转向一边时，给他点时间去休息，中断彼此的对视。当他准备好了，你的孩子会回来继续与你彼此凝望。


会盯着儿子看几个小时。我想闻闻他，吻他，紧紧地抱着他，永远也不放下来。我想让时间停止，这样我们就会永远待在一起，就像我们被裹在蚕茧里一样。我非常非常爱他，任何其他的爱都不能与这种爱相比。这是我所经历过的最令人惊异和美妙的事情。

**希瑟** / 两个孩子的妈妈

### 多玩游戏

我认识的大多数妈妈都想知道，她和孩子在一起的时候，该怎么陪他玩。

在你开始任何一个游戏之前，要判断一下宝宝是否真的有心情去玩，这一点非常重要。（原因也很简单，你想做的事情，并不意味着宝宝也想做）注意观察宝宝下面的这些举动，你就会清楚，宝宝是否已经做好了心情上的准备。

—— 他是否很有兴趣地看着你或其他人？

—— 他是否急切地来到你身边？

—— 他在微笑吗？

—— 他是否制造声音试图引起你的注意？

当你的宝宝没有心情玩游戏或者需要休息时，对此你要能及时发现，这一点也很重要。注意他的这些情况：

—— 开始哭泣。

—— 呕吐或唾液过量。

—— 扭头看别处。

—— 发牢骚或易怒。

当宝宝一切准备就绪，你和宝宝就可以玩玩下面的游戏了。

**躲猫猫**。把你的脸藏在双手后面，然后再把双手移开，同时大声说："躲猫猫。"宝宝9个月大的时候，他们才能够明白，当你的脸被遮住时，你并没有消失，还在这里。而这之前，你消失并又重新出现的举动，会让宝宝感到很愉快。这个游戏能帮助宝宝认识到，即使你离开了（尽管是假装的），你也将会回来。

**来一场舞会**。围着宝宝跳舞，看看哪种节奏和风格的舞蹈可以适应宝宝的情绪。如果宝宝看起来很顽皮，做一些更快的或者比较愚蠢的动作，以让宝宝发笑。而一个速度较慢、富有节奏的舞蹈则会让一个不安的宝宝平静下来。

**来一场音乐会**。婴儿对物体和声音之间的对应关系非常感兴趣。使用任何一个能发出声音的东西，如可以按出咔嗒声的笔、拨浪鼓、小铃铛等，弄出声音给宝宝听，然后和他们说这是什么声音。把这些东西藏起来不让他们看到，看看他们能否顺着声音的方向看过去。随着年龄的增长，宝宝就会想亲自动手，用那些东西弄出些声音来，于是他们就会伸手去要你手里的东西。

**了解宝宝的音乐品味**。当宝宝在地板上时，播放一些不同类型的音乐，观察一下他们的身体是如何反应的，以及是否尝试着以自己的方式去唱歌。这样，你或许就能为宝宝选择一种他偏爱的音乐类型，当然也可能是，一天不同的时间或心情不同时，选择不同歌曲。

**指认身体部位在哪里。** 为了帮助宝宝增加自我意识，可以问他身体各个部位都在哪，例如，"你的嘴在哪？"（试着用各种有趣的声音）。然后轻轻触碰宝宝的嘴，同时高兴地说："这是你的嘴！"对身体的其他部位也这样做。

**我们玩球吧！** 婴儿喜欢拿起东西并把它扔出去。对他们来说，观看我们一次又一次地捡东西是很有趣的事。找一些球状物体（绒球玩具就不错），材质和颜色要有所不同，以保持他们的兴趣。先把球递给你的孩子，看看会发生什么，宝宝可能会去吮吸它、扔掉它、不理它或者握住它，这取决于他的兴趣。

**镜子中的宝宝去哪了。** 在镜子前抱起你的宝宝，谈论并指着他的身体部位，如眼睛、鼻子、嘴巴、胳膊等。试着一步一步离开镜子，问他："宝宝去哪儿了？"然后回到镜子前面说："宝宝在这！"可以在你身上做同样的事情，也可以为玩具做同样的事（"泰迪熊在哪里？""泰迪熊在这呢"）。

**经营农场。** 婴儿喜欢各种声音，为动物的叫声和动物的名字配对是一项非常有趣的教学活动。向宝宝展示各种不同的动物玩具（猪、鸭子、山羊等）并一一叫出它们的名字，然后模仿相应的动物叫声。宝宝们可能会特别喜爱其中的一个动物。

**读一本书。** 培养孩子的阅读兴趣，越早开始越好。作为开始，可以选择一些色彩明亮和图片不太复杂的书。如果你不确定选什么书，可到本地的图书馆为孩子找一些适合的书。当你为宝宝读书时，要运用你的想象力和不同的音调来保持故事的趣味性。不过不要忘记，孩子们是非常喜欢重复的，所以你要不厌其烦地和他们一遍又一遍地读同一本书。这种重复，可以让孩子知道接下来会发生什么，从而可以帮助他们建立信心——我能预知很多事情。

**家庭团聚。** 婴儿喜欢看到人脸，所以，在宝宝的生活中，可以把那些对他很重要的人的照片，一一展现在他眼前，并且讲述他们每一个人的故事。我特别喜欢这个游戏，让宝宝去熟悉那些住在远方的亲戚和朋友的脸。把这些照片挂在一根绳子上晃来晃去，并用不同的声音来讲述他们的故事。看看这些重要的人物里有几个能让自己的宝宝感到快乐。

**边做家务边游戏。**有时候，刚好有一些工作需要去做，这时，不要总觉得必须要等到宝宝睡觉后，才能去完成它。当你叠衣服时，你可以用衣服蹭一下宝宝的皮肤，或者给宝宝一块布让他拿着，这样他们就能感受到你正在感受的东西。当你在擦屋子或拖地时，给宝宝一块湿布或海绵，让他去触摸去感觉。如果你正在洗衣服，给宝宝一个干净的瓶子，里面装满了水，再放点洗衣粉。宝宝非常喜欢看泡泡，尤其是当他们长大一些，可以自己摇瓶子的时候。

**让宝宝放松下来。**别忘了，婴儿也喜欢像我们一样放松自己。你可以到一个公园里坐坐，在那里你的宝宝可以观察公园里的树或那些正在玩耍的孩子，这时他很放松，完全沉浸于自己眼前的世界。而你，正坐在他身旁安静地读你自己的书。如果此时，宝宝想和你谈论他所看到的东西，他会通过手势和声音来提醒你，并期待着和你进行目光交流。否则，你还是不要打扰他的世界。

你能和宝宝玩的游戏数不胜数，一旦你开始，你可能会设计出更多你自己的游戏。当然，网络上也有许多富有创意的游戏，你可以去进行查找。

## 用尽所有办法，仍无法建立亲子关系，该怎么办？

有时，我们不要说和自己的宝宝"一见钟情"，就是连"日久生情"都无法做到。对一些人来说，这是一种十分不正常的关系。以下内容描述了不同程度的在与宝宝建立亲子关系时出现的问题。

**轻度的结合障碍。**我们对宝宝的需求做出的反应总是延迟的，或者不确定我们是该关心，还是不该关心宝宝。结果就是，我们不想对宝宝的需求做出响应。有时，这种类型的母亲会觉得宝宝不是自己的，而她们只是为别人照看孩子。

**中度结合障碍。**我们可能考虑过抛弃我们的孩子，或者自己走得远远的，这实际上也是等于抛弃了自己的孩子，这包括想要把孩子送人或回避他。

**重度结合障碍。**我们会对自己的孩子产生强烈的愤怒，或者根本不想关心他们。因此，我们有一种想去伤害宝宝的强烈冲动，伤害方法包括对宝宝大喊、尖叫、摇动、推拉、击打或进行其他危险的行为。

许多轻度的症状本章的一些建议就可能帮助到你，中度以及重度的结合障碍可通过与你的全科医生或儿童保健护理人员交谈来获得帮助，让他们给你推荐一位母婴领域的心理专家。请记住，去寻求帮助，并不代表你是一个失败的母亲，它意味着你已经明白，你和你的孩子都应该得到一个最好的机会，去获得安全，并在将来拥有一个良好的亲子关系。

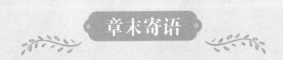

章末寄语

　　要永远记住，我们的宝宝生来就会给我们留出时间，让我们去适应调整，并最终建立起良好的亲子关系。我们的宝宝也赐予给我们一个标准，他需要一个做得足够好的母亲，而不是一个事事要求完美的母亲。大自然不要求，也不会去设计一个完美的母亲角色，只有我们人类，才会这么苛求，才会设计出一个神话般的母亲。

　　因此，不要给自己施加压力，给自己一些时间，只要和宝宝在一起，你们之间就会建立起爱的联系。这种母子间亲密的感觉一定会来，来的时候你也能捕捉到它。伴随着起起落落的情绪，你的这段经历一定是独一无二的，特殊的经历会为你带来特别的关系——你和宝宝因为经历了风雨，所以你们才拥有了最美丽的彩虹。

　　我与三个孩子建立亲子关系的方式完全不同，我也学会了不要为此去评判自己。我觉得每个孩子都会带来一些新的东西，而我对他们的态度也并不相同。尽管有的孩子让我花费了更多的时间去和他建立亲子关系，但最后，和每个孩子的关系都建立起来了。天知道是怎么回事，也许就是老天帮我完成了这一切。

**莉比** / 三个孩子的妈妈

第6章

不要让社交媒体
动了你的心

在上网的妈妈中，至少有 75% 的人会使用微博，至少有 25% 的人会使用其他社交软件。75% 的妈妈会每天忠实地进行一次签到，半数的妈妈会发现自己常潜伏于网络之中，频繁地发帖、上微博，其用心程度，甚至比得上给婴儿检查尿布。

## 不要迷失在虚幻的人际关系中

早些时候我就说过，脸谱网上的那些友谊并非都那么美好。如果你还在读这一章，很可能你对这些友情也有所怀疑，或者你的一个好友乱发微博，这让你感到厌烦。如果真是这样的话，那就看看下面这些现象，是不是也正是你所担忧的。

**你有社交媒体强迫症。**如果你总是不间断地查看（通过手机、平板电脑、笔记本）自己所喜欢的社交媒体网站，看它是否更新，那么你可能就是社交媒体强迫症。你应该找个时间反思一下，不要再去关注那些潜伏在你大脑中的虚拟人了，而应该去关注现实世界中真实的人，包括你的宝宝和爱人。

**你总是觉得每个人的草坪都比你的绿。**的确如此，社交媒体是大多数人发布精彩图片的地方——而那些难看的东西和日常琐事都会被他们有选择性地删除掉。

**如果你没有得到足够的关注，你会觉得很失落。**要记住，你受不受关注都是一个随机事件，因为在任意的一天，你发布在网上的孩子照片都不可能被人围观。如果看到照片的人不喜欢不点赞，你又会怎么办呢？如果你的情绪好坏取决于喜欢宝宝照片人数的多少，那么你就该去反思一下了。

**分享过度。**要记住，如果有些事情你通过打电话来和别人分享，别人都不乐意听，那就不要自作多情发布到社交媒体上。过度的分享会让人无法应付，他们或者屏蔽你，或者删除你。而且乱发意义不大的分享，会把你真正需要了解的信息给淹没了。

如果你在社交媒体上看到了你最好的三个朋友一起吃饭的照片，照片里没有你，于是你掉眼泪和发脾气，就此结束了你们之间的友情。但是，你又不甘心，想起你没有去一起吃饭，是因为那晚你生病了，然后你就纠结于是否向他们道歉、重新和好、不断地发你们友谊长存的帖子。如果你的确是这么做的，那么我奉劝你，还是深呼一口气，从此远离社交媒体吧。你需要建立更稳定的线下友谊关系。

**你将无法享受到真正的生活。**调查显示，出外游玩时，我们中的大多数人都是忙于拍照，而不是享受游玩的过程。所以请放下你的相机，用心去感受你眼前的一切。相比照片里那些被切碎的时光，它才会让你的心灵更加充实。

**让你的内心世界和外在表现彼此脱节。**当你绝望沮丧时，你摆拍的照片表达的却是另一种心情："我是最快乐的人，而且永远快乐。"如果你真是这个样子，我很高兴你正在读这本书。我建议，不要把太多时间用在那些照片上，照片里的人只是看起来很快乐，但那不是真正的你。

多年来，我一直向我的病人表明：为了你的幸福，不要（或者至少限制）在社交媒体上冲浪。看来我的想法是对的，因为越来越多的研究表明，抑郁、自卑、嫉妒、社交焦虑和愤怒都越来越多地与社交媒体的使用联系在一起。而且，线上交友更是为朋友疏离、婚外情，以及家庭不和等现象推波助澜。

为什么会这样呢？这似乎是一种由来已久的心理现象，叫社会比较，也就是说，我们总会拿自己的缺点去比较别人的优点，正如拿自己的夜不能眠去和朋友发布在社交媒体的宝宝照片比较，这显然对我们没什么好处，可我们偏偏愿意这么做。

那么，我们该停止这种比较吗？当然是的，只可惜那几乎是不可能的。事实证明，即使是猴子也会和它隔壁的猴子比较，比较它们谁获得的食物多。那么人类又是怎么表现的呢？简单说，大房子、豪车和一身好行头都会让你感到幸福，然后你发现邻居们的家更大，车更豪华，衣服都是名牌，于是你的痛苦就不请自来了。

而社交媒体所起的作用就是，它更多的是展示那些美好的事物，像一把刀子一样刺痛了我们那颗爱比较的心。它会让比较的机会变得无处不在，让你避之不及。

## 晒宝宝照片易给孩子成长带来不利影响

有没有人曾把你形象猥琐或长相难看的照片贴到网上？你的感想又会如何？肯定是不会高兴的。也许看到自己的照片在网上，你会感到不寒而栗。也许它会减少你的就业机会，影响自己所在公司的信誉，或者引起好友们的一阵暗笑。我敢打赌，你一定想把贴你照片的那个人从好友中删除。

让我们看看 15 年之后，你的宝宝成了一个敏感自尊的青少年，他想融入集体，不想再受到别人的欺负。他的一个同学，计算机技术高超，把你贴在网上的孩子婴幼儿时的照片都扒了出来，你的儿子赤裸着，露着小鸡鸡，或者穿着女生穿的小裙子。而且同学们还会在学校的墙上贴满了这些照片，让成百上千的人一起欣赏。这一切一定会让你的儿子很难堪。你的儿子一定会迁怒于你，母子战争随时都可以一触即发。

这种事情可能发生吗？当然，而且概率还很高。当下，我们的信息是如此轻易地就能被其他人得到。尽管各种网络媒体都有安全设置，但聪明且执着的黑客会分分钟侵入你的私密空间为所欲为。所以发布你宝宝的照片之前，一定要思索再三。

如果下面的统计数据是准确的，那么在几年之内将会出现一代愤愤不平的青少年，他们气愤于自己光腚的照片为什么都出现在了网上。

- 97% 的人会发布自己孩子的照片（在孩子 5 岁之前大约是 1000 张）。
- 89% 的人会更新孩子的照片。
- 46% 的人会发布孩子的视频。

这些举动合适吗？尽管发帖人觉得这事很正常，但说来奇怪，他们在评论其他父母的发帖行为时，态度却来了个大转弯。如下：

- 74% 的父母表示，他们认识的一些人在社交媒体上分享了太多关于孩子的信息。
- 56% 的人表示，一些人发布了孩子的令人尴尬的内容。
- 27% 的人表示，一些人发布了孩子的不太合适的照片。

情况就是这样，发布孩子的照片都这么随意，更不用说未经允许就发布别人家孩子的照片了。

如果我们花点时间思考下，乱发布照片的举动很可能会招致下一代的不满，那么我敢肯定，在社交媒体上自由分享孩子生活的行为，简直是在为我们的孩子埋下祸根。一句话，在孩子不知情的情况下，你做出的这种选择是明智的吗？

## 我们该如何使用社交媒体呢?

当我发布照片的时候,我总是会说明,我拍的都是孩子美好的瞬间,他的那些打闹、哭泣或尖叫的场景我是不会拍的。这样,我的朋友就会意识到,那些完美的照片不代表我真实的生活。

**莎拉** / 两个孩子的妈妈

一个人要使用好社交媒体需要自身拥有很多特质——成熟、勇气、积极的自尊、幽默感、耐心和洞察力。当然,理智的育儿也需要这些特质。如果你完全缺乏这些特质,那么你就需要寻求更多的帮助,下面总结的这些办法并不能完全解决你的问题,如果必要的话,最好还是求助于心理咨询师。对那些觉得自己是社交媒体狂热症的人来说,下面的这十个建议不妨一读。

## Top 10

# 对使用社交媒体的忠告

Tips for sensible social media
management

❶ 我们中的大多数人都不喜欢社交媒体中那种人多嘴杂、不知面也不知心的群聊之地，所以你也不要掺和进去。你可以选择一个自己喜欢的社交媒体，启动另外一个账号，只邀请那些认同你的价值观，能保守你秘密的人进来。

❷ 创建一个新的 Facebook 群组，所有组员都承诺只发布有意义的事，尽量少发布照片（照片要尊重他人），而且发布的内容能完整地反映你的生活，而不是只发布你的高光时刻。

❸ 避免嫉妒之心。我们总是嫉妒其他妈妈生活中的某一方面，如她的身材、才华、财富、爱人或烘焙技巧，而对她的其他方面却选择性忽略。因此，当你的嫉妒之心难以抑制之时，你要花些时间了解一下这个人的生活中的其他方面——一个酗酒的父亲，一个饮食失调的妹妹，一个患有癌症的妈妈，一个冷漠的丈夫。

❹ 向下比较。研究很清楚地表明：银牌获得者常常会觉得他错失了金牌，于是乎变得万分痛苦。铜牌获得者则会心满意足，因为他觉得自己非常幸运，没有排到第四。所以，你要向下比较，多去想想自己做得好的那部分，而不是只去关注自己最糟糕的那部分。

❺ 清醒地认识自己的生活目标。不要去抱怨自己不是烘焙高手，没有最好的假期，或没有时间重新装饰自己的家，因为这些都不是现阶段你的生活目标。你要提醒自己现在所追求的是什么（无论多么小），并确保你在自己的社交网站上发布的都是这些信息。简而言之，别人想成为什么人，在做什么事，都与你关系不大，你不要去嫉妒她们，那毫无意义。

❻ 抛弃幻想，不要自寻烦恼。如果你的朋友发布的内容正是你想去完成的事情，你内心难免会蠢蠢欲动，这时你就要问问自己，我能很轻松地完成同样的事吗？我上次去烘焙、画画或打算出门旅行是什么时候？如果你做不到，也不要感到烦恼，因为完成这些事情需要付出很多努力，而现在你正在为自己的孩子付出。不要去嫉

妒你那些跑马拉松得冠军的朋友，因为你现在连出门跑步的机会都很少，不要自寻烦恼。

❼ 满意现在的自己。不要拿自己和其他妈妈进行比较，你可以假想自己回到了过去，遇到了 10 岁的你，你问那个 10 岁的自己，是否对你现在所拥有的一切感到满意。如果她知道你结婚了，周游过世界，有一份工作，有一个家，有一个孩子，她一定会为你感动。10 岁的你满意现在的你，现在的你也要满意现在的自己。

❽ 保护孩子的隐私。没有一个万无一失的方法能保护你在网上发布的信息，但是仍有一些选择，可以让你未雨绸缪。首先，发布关于孩子的东西要尽量少，并且内容上要讨人欢喜（可以假想一下，你的孩子长大后是一个忧虑或易怒的青年，他是否会介意你分享出去的照片）。其次，不要用他们的真名，可以用昵称。最后，在设置你的媒体账号时，隐私保护的选项一定要设置正确，不要留给其他人更多的权限。

❾ 发布一些具有社会意义的内容。一次次欢快完美的派对自然是你不厌其烦地最想发布的东西，不过，仍有很多一心向善的妈妈们正在使用博客和社交媒体来支持其他妈妈，并对她们的生活产生了一定的影响（当然，不是教会她们如何使用新款的指甲油，而是赋予她们一种精神力量）。

❿ 不要过于沉溺于社交媒体。收起你的手机、平板、笔记本，暂离社交媒体，是最好不过的。同时，你要约束一下自己，每周只发布一张照片，而且只发布在你最喜欢的那个社交媒体上。可以让你的爱人监督你，确保家庭聚餐、郊游和其他一些时刻开启免打扰模式，远离摄影机和手机这些东西的干扰。你要带这个头，在母亲群里发布东西时，照片也罢，视频也罢，最好前 15 分钟不要进行技术处理，要发布你最真实的生活。

## 章末寄语

　　我们都知道，成为一个母亲有可能会感到孤独。尽管孩子给我们带来了无尽的欢喜，但他们毕竟不是我们的朋友，他们带给我们精神力量，但这也只是有限的帮助，他们也说不出智慧之语，指点我们脱离种种困境。所以，我们想要与他人建立联系是无可厚非的，而社交媒体通常是一种最简单的方式。随着而来的，就是我们开始沉溺于社交媒体，并大晒自己的宝宝。

　　可以说，沉溺于社交媒体并不代表你摆脱了孤独，而大晒你的宝宝的举动，也可能成为孩子未来的一场噩梦。因此，请多注意本章的内容，不要让自己和宝宝掉入可能的陷阱。上文所讲的使用社交媒体的技巧固然可以一试，但要记住，你最应该做的，是尽可能地接触那些真实的人，博客上的那些帖子远远比不上一个真实的拥抱。微博也罢，QQ也罢，当消息传来提示音响起之时，你要坚决地放下自己的手机，去寻找你的朋友，和她进行一次真正的交谈，喝一杯同样真实的咖啡。而且此时你的头脑中，千万不要想着，将此时此景发布到网络上去。

第7章

当友谊无法
天长地久

　　我那些没有孩子的朋友们根本不知道，在孩子出生后我第一次夜晚外出，我尽了最大努力，还是迟到了30分钟。我看起来很颓废，对她们谈论的东西也没兴趣，当我爱人打电话来说他不能安顿孩子时，我不得不提前离开了。我觉得朋友们对我一定感到很失望，但是对于我的沮丧，她们却没有表现出同情。我非常需要她们的支持和理解。

**贝琳达** / 两个孩子的妈妈

当你的宝宝来到这个世界，你的朋友们也逐渐悄无声息地消失于你的世界，除非你能协调好双方的日程安排。对你的那些朋友来说，在你产后，她们和你的关系也就仅仅是维持表面上的亲密。如果你是你朋友圈中第一个成为妈妈的，你可能会发现，那些曾经发誓要做你的分娩伙伴的朋友，往往只能和你待上一分钟，然后就匆匆离开。她去忙，她去工作，她去约会，反正就是要离开你。

也许你很失落，但至少你不会感到孤单。一项针对新妈妈的大规模研究显示，在宝宝出生后，多达四分之一的妈妈会和她以前的老朋友完全不再见面。另外，你的很多知心好友都会退化成一个和蔼可亲的老熟人，而且很多妈妈也困惑于朋友们都变得难以捉摸了。在一些妈妈博客上，你还可以看到那些充满怨恨的、不厌其烦的帖子，看到有孩子的妈妈和没孩子的女人她们友情是如何破裂的。

此外，一份最近公布的数据表明，目前澳大利亚有四分之一的女性仍然不想要孩子，所以我们不要期待着，我们那些没有孩子的朋友一旦有了孩子，我们的友情就恢复了。不会的，因为她们根本不想要孩子。


在我的孩子出生之前，我想我一生中会有很多的朋友。但现在，只有两个经常和我说话的朋友。我失去了很多朋友，但我知道我已经不是以前的我了。我现在是一个母亲了，这改变了我的生活方式，这是我从未想到过的。我喜欢现在的我，但是我的老朋友们却认为我现在的生活不可思议，无聊透顶。

**塔玛拉** / 一个孩子的妈妈

## 为什么我们的友情会无疾而终?

### 1. 你的心思全在宝宝身上

在产后最初的几个月里，我们中的许多妈妈都沉浸于幸福之中，对外面的一切毫不理会。看到宝宝的到来并把他安置到家中，这是幸福的高峰，对新生活却感到不堪重负，这是痛苦的低谷，我们就在这幸福与痛苦之间跌宕起伏，很少有时间能想到那些没有孩子的朋　友。我们如此沉迷于我们的孩子，并不是认真思考后的选择，而是人类生存的本能。问题是，我们被小小的生命奇迹所吸引，以至于忘记了我们社会关系网中的其他部分。

让我们回想一下过去。在你的孩子出生之前，你记得你会对其他孩子的睡眠周期、尿布钱、呕吐习惯感过兴趣吗? 应该是没有。既然如此，你的朋友们也不会对你的孩子感兴趣。

我永远不会忘记那晚，我邀请一个最好的朋友来吃晚餐，她还没有自己的孩子。我和她约定了时间，她到的时候，刚好我要给露西洗澡，以及喂睡前最后的一餐。我猜她不想看到一个光着身子扭来扭去、哭哭啼啼的孩子，这会弄乱她的心。于是她坐在客厅里，我们给孩子洗完澡，然后又去喂孩子，直到她在自己床上睡着。一个小时后，我才开始招待她。回想起来，我那时在想什么呢! 也许就在想，下一次我邀请她，一定要在露西就寝以后。

**珍妮** / 三个孩子的妈妈

### 2. 你过于忙碌

你昨晚醒了六次。在这四周内，你一直睡着没醒来的最长时间是三个小时。你醒着的时间都被安排得满满当当，打扫屋子、整理房间和喂宝宝吃饭，还有堆积如山的衣服等着你。这时，你的女友给你打电话，你说自己很忙，恐怕是赶不上时间一起喝咖啡了。

在我们没有孩子之前，想要弄清楚我们需要为一个小孩子做多少事情是不可能的。只有到了那时，我们才能真正明白孩子就是个时间吸盘，会吸走我们的所有时间。这就是现实。可你的女友们不这么认为，直到这事也发生在她身上，她才会明白。否则她不会相信要为一个小小的婴儿做这么多的事情，即使一百个上班族都做不完。她真的不能相信。

我有一个要好的朋友，她还没自己的孩子，她和她的丈夫非常热衷于邀请我们到他们家去休闲休闲，放松放松。是的，放松放松。只是整个过程没有一件可以让人放松的事，我不得不把宝宝所要用到的东西整理打包，宝宝的日常生活习惯被搞得一团糟，到了他们家，刚和孩子玩上五分钟，他们就得把孩子交给我们，因为孩子哭了、尿了，或者变得不耐烦了。还不如到我们家来，带上一些晚餐，当我们小睡时帮我们照料下孩子。这才是我所谓的放松！

**梅勒妮** / 两个孩子的妈妈

### 3. 你们的兴趣不同

我们常会被婴儿所吸引和逗笑，诸如他的第一次微笑、第一次翻滚或第一次击打那些悬挂的东西。那么，他们真的就这么迷人吗？让我胡乱地猜想一下，你不会总是这么想，也就是说，在你没有孩子之前你不会这么想。你所认为的那些迷人之处，在别人看来，包括你那些没有自己孩子的朋友们，就是无聊或讨厌，或者二者兼有之。这就是为什么，在你还没生孩子之前，你是不会滔滔不绝地高谈孩子如何打滚，也不会碰到个人就讨论孩子的大便问题。

我永远不会忘记，我和一个女友去喝咖啡，自从我的孩子出生后我就一直没见到过她。一切都很顺利，直到我的孩子没有含住奶头。那是一个非常尴尬搞笑的时刻，简直可以去用慢动作重放一遍。我的母乳直接喷射到了她的咖啡里。我吓坏了，朋友却笑了起来，而从那以后她再也没有约我出去喝过咖啡！

**彭妮** / 四个孩子的妈妈

### 4. 不想带孩子出门或离开孩子

在我的第一个孩子出生之前，我告诉每个人我的旅行计划不会因他的出生而改变。面对那些不同意见，我高举起手以示蔑视，并且非常天真地宣布："我会和孩子一同出现，用婴儿背带背着他爬上科修斯科山，甚至本尼维斯山。"哈！我计划中的第一次家庭幸福之旅可谓多灾多难：宝宝三个小时的大喊大叫，交通堵塞，宝宝大便却没有足够的纸巾，35℃的高温下在公路边给孩子喂奶。接下来的异国旅行计划（也就两个小时的车程，与宝宝出生前的计划相去甚远）只能被搁置了，直到宝宝九个月大时，才得以顺利成行。

在某种程度上来说，大多数的新妈妈都会受到那些"假设"的影响，从而变得忧虑不安。这种不安会让她拒绝考虑什么出门旅行，甚至对之前约定好的事情也忧心忡忡，直至化为泡影。如果我的孩子生病了，附近没有医院怎么办？如果我们在一个非英语国家，我无法向别人解释宝宝的症状怎么办？如果我得了乳腺炎，又不能吃抗生素该怎么办？如果尿布用完了，没有地方可以再买了怎么办？如果……怎么办？如果……怎么办？如果……怎么办？

我一个没有孩子的朋友想让我参加他们在努美阿（注：太平洋一个岛国的首都）的婚礼，而且不要带我四个月大的孩子来。他们没有意识到我不愿意把我的孩子留给一个当地的保姆，而这个保姆我下飞机前四个小时才认识她。这让我和朋友之间产生了很大的隔阂。

**珍妮** / 两个孩子的妈妈

不管之前我们有过什么样幼稚的计划，一旦宝宝出生，它都会触发我们一种爱和保护性的本能，只是我们没有预料到，这种本能颠覆了我们的一切，我们必须做的事，说过的事，以及计划中的事都会被它改变。它也让我们知道了，哪些事变得重要了，哪些事变得没那么重要。对我们来说，重要的事就是，你做的任何事情都是为了要保证孩子的安全。

所以，除非你的好朋友能接触到一些小婴儿，如自己的小弟妹或者小表兄妹，否则她很可能无法理解你爱护孩子的本能。她不是粗心大意，也不是考虑不周，更不是其他别的，她只是不理解而已。

### 曾经的友情出了问题，该怎么办？

尽管我是一个提倡积极面对人生各种问题的人，但在孩子出生后朋友间友谊的问题上，我觉得，有一点点的无情是正常的。考虑以下哪一种情况真实地反映了你目前的友情现状，再找到相关的部分看看该怎么做。

等级A：哦，是的！她值得我去做！我们之间的友情值得挽救，无论花费什么代价！

等级B：嗯，我不知道？这段友情现在断了，但我想当自己的生活变得不那么疯狂时，我们之间的友情可以重新去修补！

等级C：不。她应该离开这里。那个大小姐不值得你为她浪费时间和精力，甚至不值得再去想！

#### 等级A：哦，是的！她值得我去做！

首先，你要确定这一点。你的朋友一定是个很特别的人（而且你也必须如此），能在混乱的育儿生活中，值得你和她去交往，维护彼此间的友情。

然后照照镜子，看看自己。一份真正的友谊是双方都要做出一些妥协和调整。如果你的朋友没有为你们的友情做出的，你一眼就能看出来，但是你什么都不去做时，你对自己常常是视而不见的。

在这一章的最后，附有"对那些没孩子的朋友们，妈妈们最希望她们知道的十件事"一文，你可以把这几页复印下来，送给你们的那些朋友们。当然，为了让自己成为一个受欢迎的朋友，你也可以复印"那些没孩子的朋友们最希望我知道的十件事"一文，然后把它贴在你的冰箱上。

除此之外，下面还有一些建议，可以避免你和你的朋友间的友情偏离轨道。

#### 找出你们还有什么共同的喜好

电影《欲望都市》中那些令人怀旧的情节，是否还能让你们陷入疯狂？如果是，可以邀请她去观看女生夜场电影。

是否没有足够的时间去看一场电影？你可以给她发一封电子邮件，说说一件事、一首歌或一段经历，它们铭刻于你的脑海，是你们一同在欢笑或泪水中度过的美好时光。

你们两个还喜欢按摩吗？找一个可以上门的按摩师来你这里（他对待你可能就像是在对待一个孩子，会足足宠爱你半个小时）。然后你们一起发疯，让这种疯狂重新出现在你的生活场景中。然后一起涂脚趾甲，一起品味一杯茶。

### 对她的世界保持兴趣

注意你们闲聊的内容。许多没有孩子的朋友抱怨，两个人交谈时，也就几句话和自己有关，其他时候，她们总是被动地谈论着婴儿的生活，甚至详细到每分钟的细枝末节。

留心你的朋友。如果你发现在半小时内你的朋友开始眼睛乱动、打哈欠和又去上厕所了，那么这表明，她不想再听你去谈论自己的孩子了。

了解她正在做的事情，如她的工作、学业、人际关系和爱好等方面的事情。要记住，在没有孩子之前，你已生活了很多年，你从来不会认为这些年你的生活是漫无目的的。同样，你的朋友也是如此，你要去寻找她的世界中对她有意义的那些事。

### 接受她无须像你那样爱你的孩子

每个人都有自己的选择。可以去选择生孩子，也可以不这样选择。一些女性对自己有足够的了解，所以她们不想要自己的孩子。她可能真的喜欢这样的生活，她不必在周末时9点前就起床，可以在接到通知后，马上就去坐飞机到异国旅行。

有些事不必深究。哪怕你的宝宝再漂亮，但只要他不停地流鼻涕、哭个没完，你的朋友是没有好心情陪他玩的。你的朋友不是自私，你要尊重她，毕竟她所处的位置和你不同。

### 如果她不顾一切地想要自己的孩子，你可以尝试这样做

**说话要小心谨慎一些**。不要向这个朋友抱怨你睡眠不足，她不想听到这些。为了能有个自己的孩子，哪怕失去几个小时的睡眠，她也不会为此知难而退。

给她讲述自己的产后经历，让她做好心理准备，在喜悦与逃避之间，心情会出现巨大的震荡。告诉她，不是每次做试管婴儿都会成功，每次怀孕测试也不都是阴

性，这些你所经历过的事情，她将会重新经历一遍。

**不要回避她。**她不想失去你，你也不想失去她。试想一下，你把现在自己孩子的一切讲给她，她听到这些，一定会去想，以后自己的孩子也该是这个样子。

**永远不要忘记"对不起"这句话的力量。**如果，在你睡眠不足的情况下，你说了几句无心伤害她的话，那么道歉好了，这都是成年人该做的事。

### 等级 B：嗯，我不知道？

最近这 15 年，在工作中，我经常碰到那些经历过心理创伤的人。我提出了很多建议，去帮助她们度过这段艰难的时期，最重要的一个建议是这样的：在艰难时期，不要做出任何重大决定。

这条原则同样也适用于产后乱作一团的生活。如果产后的一切都很困难，你深陷于换尿布、喂养宝宝和睡眠不足之中，你看不到自己出路何在，那么你最好就等下去。基本上，可以这样来理解，"如果我不知道该怎么办，那就等等好了"。

如果你们的友情真的到了彼此可以交换真心的地步，那么在某个时刻，你们的友情可以找到它回家的路，也许，那个时刻就是你的朋友有了自己孩子的时候。如果你的一个朋友在你们的友谊之路上有所偏离，也许你可以看她一小会，然后在时间合适时，和她重新建立联系。当你这样做的时候，就好像你们从未分开过一样。

我最好的两个朋友快到 30 岁了，还没有自己的孩子。所以，当我被自己的两个小孩弄得天旋地转的时候，她们正在外面周游世界，做着各种各样令人惊奇的事情。当她们有了自己的孩子时，她们为自己没有给予我足够的帮助而向我道歉，并希望她们能多来帮忙。现在我们有许多来往，我们之间的关系又亲密如初。

**珍娜** / 两个孩子的妈妈

### 等级 C：不。她应该离开这里。

好吧，如果你的女朋友属于这一类，我猜想，她一定不清楚，或者不会应对，一个宝宝给你带来的生活变化——那种天翻地覆的变化。

如果你真的确信自己已经尽力了，那还是结束这段友谊吧。只要你没做错什么，

结束一段友谊是没什么可羞耻的。下面是一些建议：

**不要去做什么**。结束友谊的方法有很多，留住友谊的方法也很多，一般来说，在产后这个阶段，你所需要做的唯一的事，就是什么事也不做。为此，你可以逐步停止电话、短信联系和交往的请求。没必要来一次含泪的告别或发一封充满感情的电子邮件，就让友谊渐行渐远好了。

**当友情落幕时，向它致敬**。当我们和某个好友一起享受过多年的美好时光，然后看着友情渐渐消失，心里的感觉肯定会有点难过。如果你还能振作起精神，那么就请对你们友情的结局给予一份尊敬，这也为将来你们重续友情留了一扇可以重新打开的门。

**不要责怪无辜的人（比如婴儿）**。从某种程度上说，这一切能够发生都可归咎在宝宝身上。当然，这不会是宝宝的错。我要说的是，宝宝并没有主动要求来到这个世界，是你把他带到这个世界的，既然他来了，他们不可能不对你的一切带来影响。总之，那些责怪人的话不要说，你要向过去告别："照顾好一个新宝宝是我的责任，这责任远比我想象中更重大。至于友情，我只是现在没有时间去维护它，毕竟维护它需要做很多事情。"

### 朋友少了感到孤独，该怎么办？

我们中的许多人会紧紧抓住一段失败的感情不放，仅仅是因为我们不确定是否还会有下一个人在等着自己，更不必说这个人还能让自己焕然一新，这是一个让人感到有些悲哀的事实。一些女人坚持相信：有一段糟糕的感情，总比什么感情都没有好。如果这就是你的生活态度，那么首先，我要对此深表悲哀，你可能忍受了很多糟糕的关系。接下来，你就可以暗自庆幸了，因为研究表明，你人生中的这个阶段可能是改变这种生活态度的最佳机会。

最近，英国最大的一家报纸刊登了一篇文章，标题是："做母亲会增加8个朋友。"《每日电讯报》提及的这项民意调查，共有4000个妈妈参与，这些妈妈都必须符合家有小婴儿的条件。调查表明，在有孩子之前，女性通常只会有3个亲密的朋友，而有了孩子之后，曾经的老朋友都渐行渐远，取而代之的是一个新的更大的朋友圈。

但是，如果你去烧开水，掸掉瓷器上的灰尘，取出烤炉中的烤饼，然后来到前门翘首以待，恭候你的新朋友大驾光临，那么你肯定会失望无比。你要记住，你的这些新朋友是不会来拜访你的，和她们交往意味着你必须要走出你的家门。研究告诉我们，我们遇到新朋友最有可能的地方是：妈妈群、咖啡早茶会、运动场和幼儿园。

## 如何结交新的朋友？

许多母亲天生就善于结交朋友，她们朋友多得就像是在流水线上生产出来的一样，这种能力就像量子物理知识，很难传授。对另一些妈妈来说，则正好相反，她们无法结识更多的朋友。如果你比较胆小害羞，下里的一些办法可以帮助你扩大社交圈。

**注意你的肢体语言。** 为了获取友谊，我们精心地准备着自己的形象，但有时我们会忘记肢体语言的力量。如果你看起来是一个友善、轻松的人，那么和你在一起的人就会觉得，你想和她成为朋友。

**与他人交谈。** 虽然你可以加入任何团体或组织，但如果你不与人交谈，你仍然无法交到朋友。开始时，你不必担心和其他新妈妈没有共同语言——你们都会对自己孩子着迷，所以要用心和他交谈。除你之外，她可能是唯一一个对你宝宝的便便颜色感兴趣的人。

**交换你们的名字。** 如果你还没有这样做过，确保在你们谈话结束时，至少要互问彼此的名字。这很简单，就比如说一句，"哦，顺便说一句，我的名字是……"

**约定一个日子。** 虽然你畅谈了自己的心声，但如果你们没有说好下一次如何见面，那么你将还是得不到这个朋友。你需要获取一个下一次谈话或见面的机会。如果你遇到的这个人，你再次遇到她的可能性很小，那么这一点就尤其重要。要抓住今天，确保你们交换了联系方式，这样如果计划有变，你就可以打电话给她。

**对她产生兴趣。** 许多人认为，为了让自己看起来值得一交，值得当作一个朋友，自己必须要显得十分风趣。这一点固然可以为你加分，但事实上，更重要的一点是，要让她看出，你对她十分感兴趣。因此，要试着记住她和她宝宝的一些重要信息，并在下一次见面谈话时，说出这些东西。她就会感觉到，在你心里，她的地位很重要，这就为你们的友谊打下了一个良好的基础。

**让她感受到你的优点，而不是你挣扎的内心。** 在成为母亲这个新阶段，大多数女人都忙得喘不过气来，无论身体上的，还是情绪上。作为一个新手妈妈，她没有足够的时间和积极性去与你一起去剖析你内心的情感世界。如果你和她谈论的都是自己内心的痛苦和挣扎，那么她很快就会离你而去。

**冷静地思考。** 当你们的关系正处于发展之中时，电影《音乐之声》中的哪一个桥段更符合你现在的心绪——他们在一起愉快地合唱的那部分，还是他们在山坡上奔跑的那部分？如果你们谈话结束时感觉更糟而不是更好，或者你开始担心你们之间的接触，那么就跑到山上躲起来（像玛利亚夫人那样优雅地跑开），从长远来看，此处对你们之间的关系而言是一个更安全的地方。要记住，你能交这个朋友，你也能交其他朋友。

　　在我儿子出生之前，我搬到英国住了几年，但是直到他出生，我才意识到我是多么想念我的家人。我不知道这种远离亲人的生活我还能坚持多久。后来，我和当地的妈妈们成了朋友，她们就像我的家人一样。对这些友情，我永远保持着感激之情，是她们把我从迷茫中拯救了出来。

塔莉亚 / 三个孩子的妈妈

## Top 10

# 对那些没孩子的朋友
# 我最希望她们知道的事情

Things I'd like my childless
friends to know

❶虽然这个观点很难让人相信，但我觉得婴儿就是一个时间吸盘，会吸走我们所有的时间。我真的忙得不可开交，忙得筋疲力尽。就像过土拨鼠日一样，每天都是相同的，忙就一个字！（译者注：《土拨鼠之日》是美国一部电影，在美国传统的土拨鼠日这一天，发生了非常神奇的事，主人公每当早晨醒来，都是相同的一天）

❷我不能确定我的时间都到哪里去了。我无法告诉你我都做了什么，也没有什么证据证明我都做了什么，不是一次两次不能，而是常常不能。我只知道有些日子，我纠结于是泡澡好，还是淋浴好。

❸这份工作比我想象的难多了。我从来没有感觉到自己这么负责过。大多数时候，我都觉得自己把很多事情都搞错了。如果我哭了一小会，请你提醒我，我会没事的。

❹让孩子成为自己的生活重心，这让我感觉良好。每个人都有自己的生活重心，我的爱人正在某处围绕着什么转，我想你也是如此。我爱你，但要给时间来处理这混乱的一切，我相信这种混乱不会一直持续下去。

❺如果我很长时间没给你打电话，并不是说我不在乎你。为了能保持和你们的接触，我已经尽了最大努力，请多留意我的群发短信和群组邮件。

原因也很简单，还不是因为孩子。

❻ 我担心的事情太多了，甚至都不清楚自己要担心些什么。我的大脑里装不下什么了，常不时地犯点小糊涂。如果我忘记了你的生日，你的电话号码，甚至是你的名字，就请多多原谅。更多的时候，我都忘记了自己现在该要做什么……

❼ 我愿意为我的孩子做出牺牲，牺牲自己的娱乐时间。这很正常，而且真的很正常。当你们出去聚会时，我待在家里同样很快乐。但是如果我参加了聚会，我们能早点开始吗？我需要在 10 点之前上床睡觉。

❽ 如果你到我家来，置身于凌乱的屋子，你需要做到视而不见，这你会介意吗？当然，如果你愿意帮我收拾屋子，顺便批评我几句，我是不会介意的。

❾ 如果我不得不临时改变计划、迟到或者不能见面，请相信我和你一样难过。如果我的孩子病了，这些都是我必须要做的。我做这些事，是因为我的宝宝需要我去做，而不是因为我不在乎你了，不想和你在一起了。

❿ 即使你讨厌我的孩子，也请你假装喜欢他，哪怕只是一会儿也好，微笑着去欢迎他。这样，看到我特别的朋友如此特别地对待我特别的宝宝，我心里也是特别的高兴。

## Top 10

# 那些没有孩子的
# 朋友最希望我们知道的事

Things my childless friends
want me to know

❶ 我很忙。尽管这种忙，无法和照顾孩子的那种忙相提并论，但我仍然很忙。

❷ 我仍然有自己的生活。虽然我知道我不是在为人类培养下一代，但是我做的事情也很重要。

❸ 我也是有脑子的人，我也知道，你不会认为我的脑子有毛病。所以，请不

要以为如果没有我自己的孩子，我就对你的育儿新世界一无所知。

❹你的孩子很特别，我也很喜欢他，但我做不到像你那样去爱他。我的意思是说，就像你的孩子拉便便了，你可能会高兴地庆祝一番，我可就做不到了。如果你一直和我谈论他的睡眠如何，足足有 30 分钟，那么我打哈欠了，请不要觉得我是在冒犯你——在你没有孩子之前，你的表现会和我差不多。

❺我爱你，但我不是一个精通读心术的人。所以，请直接告诉我怎么才能帮上忙，比如，在来你家的路上，帮你带一些速冻食品或一条面包，或者当你淋浴时帮你照顾孩子，对我来说，这些都是很容易的事。

❻谈话时，如果提及到一个新名字，若这个人是女的，请不要问我这样的问题："她有孩子吗？"这时，我就会突然觉得，一个女人最典型的特征就是她是一个母亲，然后我会觉得在你们眼里，我是一个让人觉得可怜的女人。

❼不要把我排除在你的社交活动之外。如果所有的活动都是以婴儿为中心，我可以离开。我现在是个大女孩了。

❽当我谈论我与狗狗是如何沟通的，并试图以此来启发你如何处理与宝宝的沟通难题时，请不要嘲笑我。我知道两者并不相同，但我真的是在努力地让我们的世界有一个共同的交集，虽然有点莫名其妙。

❾我知道你很忙。但一周只发一条短信，我觉得是在装酷。对我来说，如果你天天喊着忙，却有功夫在 Facebook 上发布 50 张照片，这会让我觉得自己很受伤。

❿我是有耐心的，我也能等，我也不想给你带来压力。当我们的友情因为一个孩子而出现问题，我相信我们能处理好。随着时间的推移，我们可以找到一条新的道路，让母爱与友情一路同行。那时，我们的友情将会变得与以往有些不同，但它值得等待。

## 章末寄语

　　拥有一份珍贵的友谊并不是一件很容易的事，长期保持这种友谊更是难上加难。当我们考虑清楚，在我的生活中，我该和谁交往，又不该和谁交往，我们就朝着解决问题的方向迈出了第一步。接下来，就是全身心地投入，努力去做这件事，当然，这种努力是严肃认真的努力，而不是刻意讨好的那种努力。对一个好朋友而言，你的努力是值得的，它将会给你带来一百倍的回报。在育儿生活中，虽然不缺少快乐，但往往一个小快乐的后面就跟着一个大麻烦，而这时，我们的好朋友就像一个安全网，与身边丈夫的鼾声大作相比，她会给我们带来远方的轻声安慰。

　　尽可能地保持耐心，作为一个母亲，当你陷入困难之中时，要给自己一些时间让自己冷静下来，而不要仓促地做出许多重大的决定。你可以在冰箱里冷藏一瓶香槟，慢慢等待，等待着那些值得庆祝的时刻来临——你的老友与你重续友情，或者你的新朋友初次光临家门。

　　有了我的孩子后，我变成熟了，我有了责任感。我必须选择那些对我很重要的朋友，而那些不珍视我或我孩子的人，我则不再继续容忍，便和她们停止了来往。一旦我重视自己，我发现，我发现我也能交到珍视我的朋友。这是我生命中最美妙的时刻。

**凯莉**／一个孩子的妈妈

# 第8章
## 与丈夫关系的调整

　　拥有一个宝宝是我们人生中最美好的事情，但是每天有12个小时，我只能独自和宝宝在一起。尽管他十分努力，可做起我们夫妻间的那种事，我仍觉得不舒服，除了只有我一个人在场。我们两个都需要时间来调整自己。

**玛吉**／两个孩子的妈妈

我的爱人完全投入其中，乐此不疲。每一件事情他都能帮上忙，没了他，恐怕我就早就乱了方寸。他是一个亲力亲为的父亲，每个妈妈都应该有这样的丈夫！

**萨娜** / 一个孩子的妈妈

我的爱人一直想帮助我，但我却没这个想法，我不想让他亲力亲为，成为一个家庭妇男。所有的事情都由我来做，即使有些事情我处理不了，我也不去找他。回顾过去，如果我表露出他可以来帮助我的态度，我们会做得更好。

**玛丽安娜** / 两个孩子的妈妈

或者积极支持，或者袖手旁观，或者悠闲懒散，新爸爸们的形象可谓让人眼花缭乱。当我们的爱人成为爸爸，对于自己这个新角色，他们所采取的态度差别非常大。在产后，我们的爱人选择成为什么样的一种角色，会对我们患有产后抑郁症或出现抑郁倾向的可能性产生严重影响。

看来，在产后心理疾病这些事上，男人就是罪魁祸首。不过，也不要这么快下结论。研究也很清楚地表明，如果我们陷于痛苦挣扎之中，我们的另一半也可能同样如此。事实上，在已经确诊患有 PND 的女性中，她们的丈夫，几乎有一半患有男性产后抑郁症。

你是不是觉得，你们两个已经息息相关？是的，的确是这样。那我们该怎么办呢？

现实的情况是，宝宝出生后的第一年里，你们两个都表现得平稳有序，你们两个都得去喂养宝宝，并且安排好他的种种生活，所有的这些都你们两个去完成。也就是说，你们是一个团队。这一年过去后，让我们来看看相关的研究如何，可总结如下：

- 如果他提供了很强大的支持，你心理上出现狂躁或悲伤的风险较小。

- 当你因为他的支持而变得更加理智时，他通常也会更快乐，而他心理上出现狂躁或悲伤的风险也极低。

- 当你们两个都表现得很理性时，每个人都是赢家，也包括你们的孩子，因为研究也告诉我们，一个在和谐家庭中长大的孩子，其未来表现也最好。

## 要努力改善与爱人的关系

有一种生活态度叫"是时候扔掉宜家家具了"，不过，我觉得要做到这一点很难。我曾经抱有那样的消费理念，要买那些便宜的、平板包装的家具，然后定期地把它们扔掉，再换一些我喜欢上的新款家具。但对于你和爱人之间的关系来说，要想长期保持良好的关系，持有这种态度可不是一个好兆头。

所以要放弃这种想法——如果两个人的关系变得很难，是时候该换一个新人了。所有的人际关系都需要培养，时不时地打磨和抛光一下。除非对方有什么恶习，否则就要把这段困难时期当作是一次让自己成长的机会。男人们，对不起，我们女人要开始行动啦。你要继续努力去改善你的关系，如果仍以家具作比喻，那么希望你的关系从组装家具进化为成套家具。

我丈夫对做一个好爸爸很有信心，但结果似乎没有那么好。他并没有完全理解我的生活发生了多大的变化。我们有过一些争论，并进行了深入的讨论，以让我们能共同努力做好一切，彼此相互理解。

**杰德** / 三个孩子的妈妈

## 宝宝会让夫妻关系走得更近吗？

当谈到现代家庭的夫妻关系时，有一些令人沮丧的统计数据。我们面对的现实是这样的：

**我们父母的婚姻满意度比我们高！**尽管有了许多高深的理论、喂食计划 APP、婴儿监视器和数字温度计，以及更多的我们所渴望的东西，但它们没给我们的夫妻关系满意度带来什么提升。有人曾对大约 90 项研究进行了分析，结果表明，在第一个孩子出生后，我们父辈的夫妻满意度比我们这一代人高 42%。

**没有孩子就等于幸福。你说什么？**是的。研究表明，我们那些没有孩子的朋友，对她们的夫妻关系的满意度比我们更高。

**即使完美的夫妻关系也存在风险。**是的，在宝宝出生前，两个人的关系可以非常好，好到让人大吃一惊的地步，或者说，当两个人一起走路时，心里像装着小鸟，一个劲地扑腾着。即便如此，他们也逃脱不了这个规律，一旦宝宝出生，这些夫妻的关系也要经历某种程度的倒退。

已经足够了！再说下去，就开始让人怀疑人生了。那就让我们切换到好的消息。这些好消息你不能不知道：

**你现在对你们的关系最不满意。**你们之间的关系最令人失望的一个阶段似乎是在宝宝的婴儿期，然后就呈现出一个上升的趋势，当宝宝越来越大时，你们之间的关系似乎就不存在什么危机了。

**统计结果具有两面性。**你要记住，有些研究数据不一定能解释你的情况。正如一些研究人员所发现的那样，存在那样一些夫妻关系，在这种关系中，夫妻两个变得趋于一致，常常用一个声音说话，一般来说，当他们的宝宝出生后，两个人的默契会达到最佳状态。谁说你们的关系不可能是这个样子的！

一开始我的丈夫有些茫然不知所措，我只是希望他每件事都要参与，如果他不知道怎么做，我就教他。很快，他就有了进步，我们做起事来，就像是团队在合作。

**朱莉** / 两个孩子的妈妈

## 如何评价夫妻关系的好坏？

你们的关系就摆在那里，但很可能，你不清楚它是好是坏，也不知道它将往哪个方向发展。

下面是一个夫妻关系的小测试，我希望，你和你的爱人一起进行这个测试，看看你们的关系是否健康。

婚姻幸福度小测试

下面都是与婚姻有关的问题，对每个问题做出自己的评价，共有三个选项：非常幸福、还算幸福或不太幸福。如果你非常幸福，在数字 3 上画圈，还算幸福是数字 2，不太幸福是数字 1。

1. 你从配偶那里得到的理解，理解的程度让你感到幸福吗？ 1 2 3

2. 你从配偶那里得到的感情和爱，其程度让你感到幸福吗？ 1 2 3

3. 你和你的配偶就某些事取得一致意见，其程度让你感到幸福吗？ 1 2 3

4. 你们的性关系让你感到幸福吗？ 1 2 3

5. 如果你的配偶把家里的一切弄得井井有条，你会感到幸福吗？ 1 2 3

6. 如果你的配偶和你一起做事情，你会感到幸福吗？ 1 2 3

7. 配偶对你的忠诚，让你感到幸福吗？ 1 2 3

8. 把以上所有的事情都放在一起考虑，你觉得你的婚姻怎么样？1 2 3

9. 与你了解的其他婚姻相比，你认为你的婚姻是：

— 比大多数婚姻更好　　　　　3

— 和大多数婚姻差不多　　　　2

— 比大多数婚姻更糟糕　　　　1

10. 与你三年前的婚姻相比，你现在的婚姻是

— 更好　　　　　　　　　　　3

— 差不多　　　　　　　　　　2

— 更糟糕　　　　　　　　　　1

11. 你对你的配偶那种爱的感觉，如果用一个词来表达，它会是：

— 极其强烈　　　　　　　　　3

— 非常强烈　　　　　　　　　3

| — 还算强烈 | 2 |
| — 不太强烈 | 2 |
| — 根本就不强烈 | 1 |

现在计算出你的总分数，分数的范围是从 11 到 33。拿你的分数和下面的美国已婚人士的婚姻测试国家标准对照一下。目前，对于澳大利亚夫妇来说，还没有制定出什么标准，不过，西方国家的夫妇都比较相似，所以可以认定这个标准还是比较可靠的。

婚姻幸福指数平均数为 29。

如果你的分数是 27 分或更少，那么你对自己婚姻的满意程度就会比 75% 的已婚人士要低

如果你的分数是 32 分或更高，那么你会觉得自己的婚姻比 75% 的已婚人士更幸福。

你的分数是多少呢？如果它低于你的期望值，你只能对自己多加以鼓励。记住，宝宝出生后的第一年，我们大多数人的夫妻感情都是最困难的。但这并不意味着事情不会变得更好，只要你努力，就会很快走出感情的低谷。

## 如何让你们二人的关系重回正轨?

### /建议/

让你的另一半和你一起读这一小节，因为你们都需要为彼此负责，你们为双方的关系所做的一切，或者使它恶化，或者让它愈合。如果你的爱人对你们一起阅读这个主意表现出很不积极的态度（很多人都是如此），那么你可以把书中的一些你认为重要的观点抄写下来，以后再找个时间试着和他一起讨论这些东西。

### 首先，找出那些破坏你们夫妻关系的因素

首先，我们要处理掉对你们关系带来不利影响的那些因素，然后再做一次全面的思考，找出哪些因素，会让你们的关系变得好起来。如果你想让两个人的关系重新好转，下面所讲的都是你不应该做的事情。

**说话不要太难听**

快速回顾一下你们上次的谈话。然后想一想，他说了一句你不愿意听的话，你是睚眦必报，同样地说出许多句难听的话，还是宽容大度，说了很多他喜欢听的话？如果你们的关系良好，夫妻间，总是好听的话比难听的话要多。如果你想让你的关系像神仙眷侣一样，你就需要转变到这种交流方式，也即多说好话。

我几乎可以保证，如果你解决了这个问题，你就会成为其他父母羡慕嫉妒恨的对象。

**照顾宝宝不让爸爸缺席**

女人的最大敌人就是她们自己。我们总是莫名其妙地认为，当爸爸们不能像我们一样安抚孩子时，我们就可以把他赶到一边去，然后当我们觉得差不多了，需要休息时，突然就希望爸爸们回来，来帮一下自己。其实，照顾孩子这件事通过培训就可以做得很好，一个女人之所以擅于此道，是因为她必须要去做这件事，做着做着，也就精通了。所以，你要让他也去做这些事情，让他尝试着去做，让他坚持着去做。

要记住，他照顾孩子的方式，不会和你一模一样，任何人也不会一模一样。如

果你想要一个爱人，而不是自己的一个克隆备份，那么你就需要接受他用不同的方式来安抚你们的宝宝。

当我们的儿子出生后，我丈夫感到自己受到了冷落。我用母乳喂养宝宝，一直到他19个月大，我的丈夫感觉自己很没用，就好像宝宝总是把我们分开一样。他后来告诉我，那个阶段他有些讨厌那个小家伙。

**杰尼** / 两个孩子的妈妈

### 不要低估婴儿吸吮时间的能力！

我们知道，婴儿只有一些基本的需求，但在某些日子里，要想满足他们，似乎你得需要具备超级女英雄所拥有的能力。餐具堆在水槽里等着你去洗，洗衣店洗的衣服又让人不放心，待办事项的清单永远也做不完，想淋浴一下都变成了一种奢望。

所以，对爸爸们来说，这时要说一些肯定的话，而千万不要问其他问题："你这一天都做了什么？"首先，我们不能回答这个问题，因为这个问题没答案。我们也不知道我们怎么能做这么多事情，可表面上看起来却又好像什么也没做。其次，你竟然觉得我什么都没干，这让我很不开心，所以，我不想理你。

相反，你要试着换一种角度看问题：屋子越乱，她就越会感到厌烦，厌烦得想呕吐，她就会更疯狂，疯狂得只抓头发，而她的日子也是越来越难。当她身处沮丧之中时，也是你向她表达感激之情的一个机会，你可以说："亲爱的，你怎么样？看来我们的小宝宝今天开启了高需求模式。我能帮你做什么吗？"然后再给她一个最大的拥抱，感谢妻子现在所做的一切。

### 不要低估养育孩子的难度

爸爸们，这是给你们的一条建议，它很重要。你最好不要发表这样的见解，"它不可能那么难"，否则，你就要小心了，至于后果，你懂的。如果你偏要这么说，除非整整三天，你都独自一人承担照顾孩子的职责，而且你对此的感觉是轻轻松松。要清楚是照顾整整三天，几个小时甚至一天都不算。首先，时间太短，你可能把一些任务留到以后（比如妈妈重新接管育儿职责之时），其次，这也不能让你体验到育儿生活的那种千篇一律，每天，并且每天都是整整一天，都在重复地做相同的事情，而且这些事似乎没完没了，永远都做不完。

　　还要记住，妈妈们不仅仅在身体上疲惫不堪，毕竟婴儿的发育是方方面面的，为了满足宝宝种种的需求，妈妈的大脑也承受着很大的负担，或者说，有一个杀手正在谋杀她的脑细胞。对此，我进行了很多思考，我们应该做些什么。当宝宝爬行时，我们去帮他，这不仅仅是我们在寻找乐趣，更是因为，为了宝宝运动能力的发展，我们觉得这就该是我们每天要做的工作。

　　所以，对于那些爸爸，如果他们仍然不喜欢读一些婴儿发育发展方面的书，也不愿分担妈妈们一些工作，就请不要说那样的话："它不可能那么难。"而要试着说这样的话："哇，你太让我吃惊了，我非常欣赏你照顾孩子的方式，对孩子在认知、情感、身体方面的发展都考虑很周全。"然后退几步看着她，一开始，她可能会有点目瞪口呆，你竟然能说出这样的话，随后她可能就是一脸幸福的表情，因为她知道，你已经注意到，她为你们的宝宝付出了很多精力。

**不要拿橘子和苹果比较，去自寻烦恼**

　　你有没有听过这些词，气质、正常人群或独特性？它们就像你最好的朋友，你要紧紧抓住它们，因为它们能够提醒你记住下面的事情：你的宝宝身上生而有之的东西（他的气质），是由你和你的爱人身上的东西（你们的气质）所决定的，然后一个独特的孩子和他独特的父母产生了说不清楚的化学反应，为这个世界奉献出了各不相同的自己（这时仍被认为是正常的）。这一切能够发生，是因为你的孩子不是克隆出来的，你自己也不是一个被克隆出来的人（这就是我们所谓的独特性）。

　　因此，请考虑以下几点：

　　（1）你的宝宝是独一无二的。在从医院回到家中的几天内，晚上你的宝宝可能一睡就是6个小时，或者，你的宝宝可能每两个小时就醒来一次。

　　（2）你是独一无二的。你可能是这样一个妈妈，因为分娩出现严重的健康问题，从而不能快速走动（或者你进行了剖宫产，以致不能驾驶或不能去抱孩子）。

　　（3）你生活的社会环境是独一无二的。你可能会有大量的社会支持，它们会替你照顾几小时的孩子，这样你就能快速地收拾一下屋子，然后休息一会，再然后喝一杯茶。当然，这只是可能，或者说，可能与不可能的情况都是随机存在的。

　　（4）你的爱人是独一无二的。当你看到，某个人正悠闲地走在大街上时，而实际上，他有一份好工作，允许他灵活安排自己的工作，仅仅为了洗个澡，他每天都可以早点回家，而你爱人的呢，却可能出差在外，进行着一次国际商务旅行。

运用我们上面所讲的关于自己的独特性的理论，和你的爱人达成一个协议，要彼此互相接受，接受你就是这个样子，接受你的情况就是这种情况。如果你不这样做，你和你的爱人将会自以为是，互相消耗着对方，从而忽略那些真正重要的事情，也不能解决你们的问题。

**抛弃不切实际的幻想**

我们中的大多数人面对育儿的现实都是一种妥协的态度，这也让他们自己默默忍受着心理上的折磨。研究清楚地表明，对于生活中的男性来说，他们并没有意识到，他们所期望的东西与他们真实面对的东西总是截然相反，而这才是导致他们对夫妻关系满意度下降的最大危险因素之一。

现实地说，爸爸们应该明白，育儿工作并不简单等同于妈妈和宝宝整天待在家里，而他们在工作，在聚会，在打高尔夫球。但是，仍会有一些爸爸会莫名其妙地产生这种想法。

爸爸们请记住，把你想要做的那些事停下来，这固然很难，但是你的孩子需要你，需要你激发出自己内在的父亲本能，从而丢掉以前的那种单身汉思想。是的，这意味着你不再会有同事们聚餐，不再会有周日的冲浪，虽然这些都是你过去经常做的。成为家庭的一部分就意味着成为一个团队的成员。如果一个团队成员需要你，那么你该走近他。

这个道理也同样适用于妈妈们。那种我们悠闲地吃着午餐，孩子们一整天都在婴儿车里安安静静地睡觉的幻想，需要被迅速地抛弃掉。整日穿着睡衣，头发上沾着宝宝的呕吐物，一家人忙得团团转，这才是育儿生活的本来面目。

**不要为谁干活多而斤斤计较**

如果有一种夫妻关系炸弹，我想这个就是了。我经常看到这样的夫妻，他们都不想多干活，于是就开始互相比较起来，女人说，今天我在家累得都直不起腰了，男人说，我今天在公司都累得站不起来了。有的妈妈还想立上一块黑板，去算一算，今天换了多少尿布，睡了几小时觉，洗了几堆衣服，做了几顿饭，就只为了证明这一点，我就是比你累。

大家都是成年人了，累与不累谁都看得出，与其比谁更累，倒不如比谁更轻松。如果妈妈认为，今天自己的工作相对轻松容易些，那么当丈夫回家时，你就声明一下，主动去做更多的事情。至于爸爸们，如果你足够走运，今天的工作很轻松（或者打了一天高尔夫），那么今天晚上家里的活你就多干一点。如果你们当中有一个人晚上睡得很好，那就不妨第二天早上让你的爱人多睡一会懒觉。

总的来说，对于外出工作与家务劳动，那些最佳的夫妻搭档会认为，在大多数日子里，他们都同样努力地工作着（不管谁挣的钱更多）。这就意味着，那个在外赚钱的人回到家里，还是不要摆出一副高高在上的样子，一脸得意或一脸不满地大喊："晚饭呢？晚饭吃什么？"对那些白天没做完的家务工作或育儿工作，仍需要在晚间休息时间去做的，夫妻双方都负有同等的责任。

## 然后，看看哪些事情能增进夫妻关系

### 保持身体接触

好的，爸爸们，请不要太兴奋。我说的不是性，不是S-E-X。感情和性是不一样的，如果你偏要觉得它们是一样的，那你就需要更多的帮助，帮你改变这个想法，而这本书可帮不了你多少。爸爸们，请记住，我们也想我们之间满满的都是感情。我们喜欢一个拥抱。当你想要表达对我们的感情，而且只是表达感情不图其他回报，那种被拥抱的感觉真的很美好。它让我们觉得你是真的在乎我们。所以不要把所有的感情都解释成性的要求。

对我们妈妈来说，要记住一点，男人喜欢亲热爱抚。如果你们在谈论它时充满了深情，那么你也会常常说服他，让他去参与更多的事。这并不意味着你必须去做一些性暗示，相反应该是一些小事——当他下班回到家里时，紧紧拥抱他，或者当你们在厨房时，你紧紧地站在他身边，这些平凡的时刻会让你们的关系变得更特别。

### 极力赞美

爸爸们，请记住，有些事你要经常去做，就是让你的妻子知道你觉得她很了不起，这对她把自己看成是一个什么样的妈妈，起着至关重要的作用。不要虚伪地恭维，而要真诚地赞美。不要刻意等待那些重要的时刻，任何不起眼的机会都要试着抓住，抓住她值得赞美的每个特别时刻（例如，"我真的认为你很出色，当宝宝哭的时候，你能保持这么长时间的冷静"）。

现在说说我们，女士们，有时我们会如此渴望得到认可，以至于忘记了我们的另一半也需要它。我们要表扬新爸爸，他在育儿方面已经做得很好，这种表扬会让他喜上眉梢，那感觉就如同他所支持的球队赢得了总决赛一样。

我的丈夫太令人惊喜了。他帮了我很多，而且非常支持我。四年来，他始终表现如一。拥有这样的丈夫，我真是太幸运了。

**卡里亚恩** / 一个孩子的妈妈

### 减轻彼此的心理压力

当我们转型成为父母时，在自我调整的过程中，我们的改变可谓相当巨大，堪比历史上一些最伟大的革命。

我们常常会觉得有点痛苦，因为我们爱人的生活看起来似乎没有丝毫改变。他们仍旧继续工作，和朋友们依旧交往甚密，兴趣爱好也没被耽误，而我们看起来已经变成了自己从前的影子。

因此，夫妻双方都需要意识到，即使是一些小事，即使这些小事意味着是积极的改变，它也仍然会带来巨大压力。而且，如果在育儿方面的积极，让你看起来似乎已经忽视了家人，还让你痛苦失眠，那么这种积极的压力就会更严重。你们两个可以去谈论哪些改变对彼此来说是最困难的，哪些改变让你对自己的重要性和家庭角色失去了信心。

### 家庭地位平等

大多数女人都是在她们还是独立的女孩时，和某个男人确立了彼此的关系。那时，我们自己挣钱，有自己的汽车，一些人还贷款买了房子。而现在，当我们发现自己不得不从爱人那里获得金钱时，我们的关系似乎发生了巨大转折。我们会感到尴尬，感到自己受到了控制，感到自己被剥夺了权力。从某种意义上说，尽管我已经成为妈妈，但我们更像是爱人的一位雇工。

　　这一点非常重要，当一个女人支配家里的收入时，就应该像她的丈夫一样，她要觉得这是理所当然的，她要理直气壮。要记住，仅仅因为女人待在家里没法挣钱，就认为她的家庭工作不重要、没多大价值的想法，是极端错误的。女人放弃了自己的工作，去抚养你们两个一起生的孩子，这使她有资格去支配家里的任何收入，就像你那样。否则，她会说，既然她的工作是照顾孩子，喂他吃饭，替他穿衣，为他洗澡，那么这个孩子的一切我说了算——反正钱是你的，孩子是我的。无论在哪方面，你们都是平等的，你们的工作都是重要的，要相互尊重，因为你们都为自己的家庭做出了自己的那份贡献。

　　对我来说，最让我感到难以忍受的，是我丈夫的那种态度。莫名其妙地，现在他觉得自己高人一等了，因为他能赚钱，而我却不能。这让我很气愤。我正考虑尽快回去工作，这比我原来的打算要提前很多。原因也很简单，我不想再去忍受那种被人瞧不起的感觉了。

**塞琳娜** / 两个孩子的妈妈

## 接受自己的另一半

　　在孩子出生后，夫妻当中的某一位会希望自己的另一半魔法般地性情大变，变成一个百里挑一的好家长。这个想法可以有，但也只能是存在于梦中。拥有一个孩子意味着我们必须要做出许多改变，但这并不意味着它能改变一个人的性格，就算能改变，那也是极其罕见的。

　　因此，如果我们想让双方的关系正常，我们需要接受我们的另一半，把他看成是一个普通人，有各种各样的、与生俱来的需求、渴望和欲望。我可以悄无声息地改造自己的另一半，仅就那些必要的部分进行改造，以让他尽可能变成一个最好的父亲，但在更多方面，无须对他大刀阔斧地改造，还是要保留他本来的真实面目。

　　每星期找个时间坐下来，两个人一起写一个日程表，商量下你们该如何互相支持，以让对方能拥有一份属于自己的时间。但实事求是地说，自从有了孩子之后，你现在的想法可能和以前的大不相同了，你可能会这样想，我觉得有了孩子后，属于妈妈自己的那份时间就应该少之又少。如果这种想法在你的头脑里占据上风，那么你就需要找个专业人士来帮助你了，看看你的感情是否全都转移到了为人之母这件事上。这话不是在批评你，有时候，我们很多人都会在转型期陷入内心的挣扎，现在去寻求帮助，总比以后让你的家庭陷入痛苦要好很多。

在孩子出生后，我的丈夫不愿放弃他的冲浪救生员的业余爱好，对此我非常嫉妒，他可以在海边沙滩尽享自己的时光，而我们却只能待在家里。他说这是他自己的事，也算是为社区提供服务。一年后，他还是没有改变，我只好决定，我也要去当一名冲浪救生员。现在我们都有了自己的事情，我们要为社区提供的服务也平均分配了。这使他很震惊，我竟然主动出击，争取到属于我的那份时间，这样两个人就公平了。我想，如果你不能击败他，那就加入他们吧！

克里 / 三个孩子的妈妈

### 让自己远离各种屏幕

也许只有当晚上躺在床上时，你们才会有时间放松和彼此亲近，不要把这段宝贵的时间浪费在那些毫无意义的电视连续剧里。此时，躺在你身边的那个人，才是真正能让你的生活变得更美好的人。

有时我看到一对对情侣夫妻们在一起吃饭时，他们都盯着自己的手机，而不是看着对方，这让我难以置信，悲哀就同时涌上心头，然后就开始胡思乱想起来。不要被愚弄了，技术可以使我们产生一种错觉，没有任何难度，它就能为我们带来一份亲密的关系。但这种错觉的代价很高，往往到最后，当你真正需要许多帮助时，这些幻想中的关系都很难去帮助你，而唯一能支持你的是你的爱人，你们之间的关系才是真正的，才是感情上的，才是亲密的。

所以，大声宣布你的全天都要远离各种屏幕。如果你觉得这么做有点过头，那么规定在上午11点前可以做这些事情，然后其余的时间都不再动它们。你会发现，想和你谈话的人都还在等着你，Facebook的帖子明天也仍然会在那里，它等你或不等你，都在那里。

### 找时间一起娱乐

有句话说得好，能玩在一起的夫妻才能聊到一起，在工作中我遇到许多夫妻，我都会告诉他们这句话。它明明白白地告诉我们，如何才能让一份关系变得火热，而不是让它流于失败。

我认识的一些妈妈错误地认为，要想做一个好母亲，就得需要去牺牲自己的娱乐时间（除非是和孩子有关的娱乐）。短期来看，它可能有助你结束宝宝所带来的那些混乱，但最后，它会让你成为一个无趣的母亲和一个乏味的妻子。要记住，通过玩耍，孩子们被吸引从而学到了很多东西。我们越是玩得好（与自己孩子和爱人），全家人也就会越好。它也教会我们的孩子如何在工作和娱乐之间找到平衡，这对于那些孩子看起来更紧张或焦虑的父母来说尤为重要。

### 多沟通交流

也许你不会感到意外，沟通交流是让夫妻关系良好的一个关键因素，但在产后期，能与爱人进行交谈，从中获得的好处会增加十倍。研究表明，那些家有哭泣宝宝的新妈妈们，如果她的宝宝的哭是长期的、是没完没了的，并且她不能向自己的爱人吐露苦衷，那么她出现严重抑郁症状的可能性就大增。

但要注意，交流一定要是双向的。电视节目《带宝宝回家》建议夫妻们每天至少要花 20 分钟互相交谈——就感兴趣的话题真诚地交谈，千万不要互相批评。该节目还指导夫妻们该问一些什么问题，这些问题不单单是谈论一些家庭琐事和宝宝的咿呀学语。

尤其对于爸爸来说，不要觉得我们和你谈论的每一个话题都必须要去解决。大多数时候，我们都清楚地知道问题的答案，我们之所以大声地说出它，是因为想让另一个人知道它，和她分享自己的内心世界。

对我们妈妈来说，要记住，通常情况下，我们出现强烈情绪的时间要比大多数男人早很多。如果你情绪爆发时先和一个女性知己聊聊，等自己缓和下来后再去找自己的丈夫，那么你们之间的交流通常会进行得更平稳顺利。

然而，父亲们，作为男人，有时你需要拿出男人的样子，处理好一个母亲的强烈情绪。拥抱她，聆听她，安慰她。一切都会过去，情绪吗，就是这种脾气，说来就来，说走就走。但是不要就她的问题谈一些大道理，也不要去解决问题，否则她的小情绪就可能会来个大爆发，像维苏威火山一样。别怪我没提醒你。

### 家务一人一半

就像我之前说的，那些认为照顾孩子很容易的爸爸们是错误的。首先，它就是错的。其次，对任何新妈妈说这句话，你的结局就可想而知，如果你偏要知道结局是怎样的，那就是，你等着挨骂吧！

要确保你已经了解家务分工的具体细节（详见本书第12章）。不要说那些不太明确的话，如"你需要打扫得干净一些"，而要说"我正在洗衣服，你能用洗碗机把碗洗了吗"。许多夫妻还发现建立一个定期的日常家务制度具有很好的效果。

爸爸们，当你们非常忙碌，被自己的工作压垮时，大多数妈妈同样也睡不好觉，她们只是想让你做一些照顾自己的事，这意味着你只需要收拾好自己的衣服，把自己的那份餐具放进洗碗机里，熨烫你自己的衬衫，把你常用的那些东西放好，这些事都不是很复杂。当你把东西到处乱放时，我们会觉得你把我们当成了管家，而不是你的妻子。你要记住，一个女管家是没有义务和你做床上那种事的，但是妻子有。

**避免争论升级成吵架**

我们都知道，养育子女带来了很多事情，尤其是在很多问题上意见不一致，互相争论不已。从包皮环切术到按需喂养，再到分配到谁头上的事谁做了，谁又没做。要不是话说多了也会让人疲惫不堪，否则你们可能争论一整天。

下面是一些建议，可以避免将争论升级成吵架。

（1）选择时机。宝宝正在被喂食，一个男人正在看一场他特别喜欢的足球赛，一个睡眠不足的女人开始品尝这一天的第一杯咖啡，如果你在此时提出一个论题，那么论争的结果可能导致第二次世界大战。可以一周安排几次时间，双方就一些重大问题进行交流，如若此时孩子在睡觉就再好不过。

（2）注意方式。由讨论问题演变成一次冲突，大多数原因都是因为某个人过于刻薄。你知道的，贬低、骂人、挑衅、这些手段一旦被采用，你的爱人很可能会变得很生气，然后你就会升级你的言辞进行反击。你们要承诺，不要互相咒骂，不互相贬低或咄咄逼人

（3）紧扣主题。大多数人都不喜欢别人对他的行为作出一个总结性评价，如，"你从来没有想过婴儿需要什么" 同时，你也会把自己想要证明的观点变成了一句不讲道理的话，因为你的这句话一般情况下都是有失偏颇的。你说他从来没想过孩子，但是你觉得这可能吗？他可能在某个时候的确想到过孩子。所以，你若想让他做出改变，就必须保持你所提问题的针对性和准确性，如，"当宝宝早晨醒来时，你需要给他换尿布"。

（4）知道什么时候终止争论。如果你们中的任何一个人出现了这样的状态，

兴奋激动，言辞强词夺理或很伤人，那么你们就暂停一会。你们不需要去马上解决问题，从而使双方陷入进退两难的困境。否则，要么是你与对方达成一份协议，要么就是两个人选择分手。因此，你们需要做出一个约定，当情况不妙时，你们需要暂停下来，你们都需要至少 20 分钟的时间去冷静下来，然后再重新开始讨论。

（5）知道争论可以解决问题，不要刻意隐瞒自己的想法。所以，爸爸们，如果你在产房看到的那些东西给你带来了压力，而挣扎于要不要和她进行性生活，为了避免触碰她，你不停地寻找借口，要知道，你的妻子宁愿知道真相，也不愿承受因你的百般推诿而带来的痛苦。女士们，如果你担心自己和宝宝分开，为了要把宝宝留在身边，不要用那些漏洞百出的借口，如，"他从来没有和别人在一起过"。你需要和你的爱人谈论你的焦虑，并解决掉它们。

### 睡眠神圣而重要

随着一个宝宝的到来，睡眠突然变成了一种奢侈品。我知道有些夫妻，某些人会用金钱和性生活来讨好对方，只为了让他去照顾孩子，而自己得到额外几小时的睡眠。如果我们把这看作是物物交换，未免有些伤感情，但它的确显示了我们会采取的不顾一切的方法，只为了得到一些额外的睡眠。

显而易见，长期的夜间睡眠不足的人其身体和精神状态一定好不到哪去。因此，我建议，夫妻间千万不要去互相比赛似的去争论，谁是最累的那一个，在这种情况下，就认为你两个都很累，你们都需要帮助。如果你们能雇得起一个保姆，可以考虑雇用一个人，可以是短期的，也可以是定期的，这样你和自己的爱人就能得到休息了。当然，也可以寻求家人或亲密好友的帮助。

改变自己的育儿理念或寻求帮助，以让你们两个获得更多睡眠，这不是一件丢脸的事，相反，它代表着你们更负责任，为了你和自己孩子的健康负起责任。这就需要你安排好自己的睡眠，否则在育儿这件事上你只能做个旁观者。

### 把性问题摆到桌面上

呜呼！现在我们谈论这个话题——请你不要想入非非，我不是说在桌子上做那种事去找刺激。我的意思是，亲昵行为很重要。我希望在这件事上你能表现得成熟一些，不要把性看成是唯一重要的亲密行为。

你要明白，在成人世界里，一个良好的、长期的夫妻关系，意味着性生活只是亲密情感的延伸。这种亲密的情感，是你们一起经历的，你们一起工作，彼此倾听，交流自己喜欢或不喜欢的东西，互相信任，分享你们心底的秘密欲望。如果在卧室之外做不到这些，也别指望在卧室之内就能够做到。如果你做到了，也像是在完成性生活的任务，实际上就在满足生理的需要，把彼此当成一种工具。

所以，爸爸们，如果你想让自己的性生活变得不简单且有内涵，那么就把注意力集中在营造亲密的情感上，在各个方面都要有所作为。这意味着你要考虑以下因素：

**我们和以前不一样了。** 我们的身体经历了巨大的变化，这种变化连最神奇的化妆术都模仿不出来，或者说，最神奇的化妆术也无法把我们打扮成从前的样子。我们的身体被拉伸，被刀切开，被撕裂，被针穿透。我们觉得自己的身体已经没什么吸引力了，既然连我们自己都不欣赏自己，其他人就更不会。所以爸爸们，要经常提醒我们，产后我们的身体仍是迷人的，因为它真的难以置信。

**当我们说疼的时候，就会痛，不是假装的。** 这项研究一再表明，在恢复性生活方面，那些经历过会阴撕裂的妈妈们会落后于那些未受损伤的妈妈。对于那些有过肛门撕裂或其他创伤性分娩的妈妈来说，情况也是这样。研究表明，在产后6个月内，我们仍然不喜欢在过性生活时，让全身都参与运动。不过，好消息是，产后18个月，我们又开始变得有激情了，其活力和同龄的女性不相上下。所以，爸爸们要有耐心，我们的性魅力仍旧会附身于我。

**不要认为只要过了6周，就可以进行性生活了。** 事实上，西方女性中，只有大约一半的女性声称她们在第六周时有过性生活。不过，好消息是，这个数字在三个月之后就会跃升到80%左右，六个月之后则是90%。不过这只是几个时间点，要想让你们的爱爱更完美，上面所说过的那几点要牢记心中。

**如果你猜不透我们的心思，那很可能就是我们的产后期受到了激素的影响。** 这让我们看起来总是泪眼汪汪（或者大哭不已），但是更不幸的是，还会出现阴道干燥。但这不是说你怕我们出现不适而停止动作，在这个时候我们只是需要用一点润滑油。

**当我们在产后经历严重的抑郁或焦虑时，在长达18个月的时间里，我们的性欲都比较低。** 所以你一定要注意那些信号，情感抑郁的我们常常会去阻止你去脱我们的衣服，这时，你就要鼓励我去寻找专业人士的帮助。

**替我们说话。** 众所周知，西方女性在和保健专家谈论自己产后的性问题时，常常会保持沉默。所以，如果你渴望着早点开始和我们进行性生活，你就要鼓励我去向医生或儿童保健护理人员去寻求帮助，而且你也要参与进来，一起讨论这个问题。

## Top 10

# 为宝宝保持健康状态
# 父母应该做到的事

Tips for maintaining a healthy
seationship for baby

❶ 我们知道，我们现在是你的榜样。当你长大后，为了让你的言行举止能体现出对他人的尊重和自尊，我们就需要在你的面前表现出相同的一言一行。

❷ 我们承认语言会伤人，我们要避免说那些会伤人的事。但如果我们犯错了，我们会说对不起。因为当你长大后，在你的各种人际关系中，你也需要说很多次这个词语——对不起。

❸ 我们绝不会让任何家暴事件出现在我们的家中。现在不会，将来也不会。我们希望这能让你明白，在你以后的家中，也不允许有同样的事情发生。

❹ 我们都会对"团队"这个词心存敬意，并深刻理解它的意义。我们要做给你看，当你爱的人需要支持时，你们该如何共同努力，才能共度风雨。

❺ 我们放弃完美主义。我们既不追求彼此的完美，也不去期待彼此的完美，当然对你也是这样。但是我们愿做你的榜样，积极面对真实的生活，不追求完美不代表不去努力，不去奋斗，因为如果两个人的关系中缺乏活力和热忱，那么这个团队只能叫"两个人"，很难称之为"一个团队"。

❻ 我们相信赞美的力量。我们会在对方和自己身上，寻找那些值得肯定的东西，这样你就能在你的人际关系中学会赞美，并借助它的力量，包括赞美你自己。

❼ 我们相信接触的力量。当任何言语都无法表达，或者千言万语都已用尽，我们会向你展示，拥抱是如何治愈心灵的伤痛，亲近是如何让内心获得安静。

❽ 我们尊重彼此的个性。每一天我们都会为你做出表率，我们之间虽然诸多差异，但我们又是如何凝聚在一起的。

❾ 如果出现问题，我们寻求解决方案，而不是互相指责。我们会让你明白，天无绝人之路，凡事都有无限的可能，要用发展的眼光看问题，不要在陷入进退两

难的境地时，去寻找借口，去责备他人。

⑩你爱的那个人永远是最重要的。在我们的爱情之中，你会看到我们为彼此付出的都是自己，全部的自己，最好的自己。同样，我们希望有一天你也能发现那个特别的人，并对他说："在这个世界上，我只爱慕你一个人！"不仅仅是结婚时这样，也不仅仅是有了孩子时这样，在你生命中的每一天都这样。孩子，这就是我们对你的承诺。

章末寄语

　　在阅读这一章之前，不管你们的关系如何，如果你接受这些建议，你们两个人很快就会重新好得如胶似漆，哪怕你们的宝宝把你们弄得筋疲力尽、焦头烂额。

　　我们的孩子需要我们去解决我们关系中存在的问题，而不是逃避它，或者在痛苦中度过几年。如果你们为此进行了努力，那么就预订一份晚餐，打开香槟，为你们自己干杯，为了你们为这个小家庭所做的一切干杯。只要努力过，你们的快乐就理所应得，从现在一直到永远。


　　在我们的关系确立不久，本和我就决定要一个孩子。回头看，是太早了，我们彼此还不太了解，一个宝宝的出现放大了我们关系中的所有弱点。但是我们都非常努力地去沟通，并彼此互相尊重。是有一些艰难的日子，但是我们取得了成功。现在我们有足够的信心，再去要一个孩子。如果要提些建议，我想说，当你需要帮助的时候，就去寻求帮助，也不要放弃希望——我和本都能改善我们的关系，其他人当然更能！

**丽贝卡** / 一个孩子的妈妈

第 9 章

我婆婆　我妈妈

如果你去评判别人，你就没有时间去爱他们。

**特蕾莎** / 修女

当婴儿被带回家里时，似乎有各种各样的"奶奶"型人物突然出现在我们身边，有些人像可怕的龙卷风，有些人则更像来自天堂的礼物。但我敢说，就像任何一种关系一样，即使那些脾气很好的人也常常表现出她固执的一面。

你会有大量的机会和她们进行对话，那些对话就像外阴切开术伤口上的冰袋一样冷冰冰，对话的话题很广泛，但也常常不欢而散。从为了宝宝日常生活安排而产生对峙（如，她们会说，宝宝不需要喂养，因为还没到三点钟），到因宝宝穿衣问题而陷入冷战（她们会说，太热了，太冷了，穿少了，穿多了）。

既然如此，避开她们不就好了？如果你能做到的话，这的确是个不错的主意。但是有 40% 的新妈妈会让女性长辈来临时照看婴儿，平均每周有 2.5 小时，如果你恰巧是这样的妈妈，你是躲不掉她们的。

她一进门，我就觉得她在评判我。在她没来之前，我对自己所做之事还信心满满，片刻之后，我就开始怀疑我做的这件事到底对不对。有她在身边真是太辛苦了。我不得不承认，我确实在躲避她。

**贝琳达** / 一个孩子的妈妈

既然如此，我只选择我喜欢的长辈，和她度过这些时间，怎么样？当说到这些长辈时，对新妈妈而言，显然也是亲疏有别，她们会和自己的母亲走得更近，而不是她的婆婆。实际上也是如此，超过 60% 的人认为，她们与婆婆的关系存在一定压力。这大概就是为什么我们中 45% 的人会把自己母亲的话当作首选建议，而只有 5% 的人认同婆婆的话，无论她的对还是不对。

当我尽可能地避开我的婆婆时，却一直叫我的母亲到家里来。我也觉得这样做不对，她们对我的宝宝都有着相同的爱，可我实在不能处理好和婆婆的关系。在她身边时，我变得沉默寡言，神情疲惫，也不断地自责。我避开了她，但我希望自己孩子最终能和自己的奶奶建立起良好的关系，不要像我这样！

**米歇尔** / 两个孩子的妈妈

如果你很痛苦，你的婆婆很可能也会有同样的感受。看起来这样的婆婆好像很多，早在《旧约全书》的时代，丽贝卡（以撒的妻子）就抱怨说，她的儿媳妇让她非常痛苦，她宁愿一死！

## 孩子出生后，你与母亲或婆婆的关系将会怎样变化？

对于你与自己的母亲或婆婆之间问题的严重性，一个最简单的测试就是，拿到这本书时，你是不是很快就翻到了这一章。如果你是迫不及待地翻开，我猜想，我们之间的关系一定不美妙。

实际上，一般的经验是这样的：在你的宝宝出生之前，你们是怎样相处的，在你的宝宝出生之后，你们还是怎样相处，之前之后是非常相似（有增有减，但无大变化）。如果之前，她就经常出现偏执、妄想和好动倾向，那么很可能她还会这样。如果你们都能容忍对方的不同，相处得还算融洽，那么你们仍会继续这样做下去。

我的母亲就是我的救星，我甚至无法用语言表达出她给了我多少帮助。我怀的是双胞胎，在产前三个月，还有孩子出生后，她一直是我的支柱。对她的帮助，我无以言谢，我也不知道没有她我该怎么办。

珍妮 / 三个孩子的妈妈

## 问题出在你身上，还是长辈身上？

另一方面，长辈对自己在生活中角色的敏感度，她在做母亲方面的成功经验（或教训），还有她的人际关系，将在很大程度上决定她在你面前是何种表现。

这一章可以帮助你们双方去审视自己的角色，只有认清自己的角色，才能明确自己的职责。希望你们双方能取得一致的意见，对于孩子，你们都有自己相应的权利和义务，对此要互相尊重。

### 阶段 1：写给妈妈们的，如何处理与孩子的奶奶或外婆关系的建议

**记住，她们这么做，是因为爱孩子。**尽管孩子奶奶的行为让你很烦恼，但深究下去，她们之所以这么做，是因为她们爱你的孩子。她们只是想成为一个"超级奶奶"，这种想法让她有点情不自禁，让她忘了你的需求才是最重要的，因为你也想成为一个"超级妈妈"，给孩子最好的照顾。此时，如若可以，就咬紧牙关，对她微微一笑，不要让她对你的孩子为所欲为。

**把担忧放到一边。**不管她有什么明显的妄想，或者说，她企图和你争夺宝宝的爱而你失败了，这种情况是不会发生的。母亲和孩子之间的爱是坚不可摧的，孩子奶奶穷尽她们所有的谋略，也必将是徒劳无功。

我的婆婆和她第一个丈夫的日子过得并不好，他常常辱骂她。因此，当本出生后，她好像要在我儿子身上重新体验当母亲的感觉！我明白她为什么这样做，我尝试着忍耐，但我需要不时地重申一下，在这里谁才是孩子真正的母亲。

**安吉拉 / 两个孩子的妈妈**

**这可能是一件好事。**如果你深究下去，除了辱骂孩子，孩子奶奶所有的行为通常都是积极正面的。有时候，你真得深究下去，并且一直深究下去，才能把这个道理想明白。如果她是一有事就不见的那种类型的奶奶，那么也许这是最好的：一个不想待在那里的人，谁还会需要她？如果她有点过头，但谁又知道，在紧急情况下需要她时，她不能接管一下我们的事情？我们很容易看到消极的一面，但是对每个人，我们如果尝试着去发现他积极的一面，岂不是更好。

我生第一个孩子时，我的婆婆只去了一次医院来探视我。在宝宝出生的头一年，那可能是我婆婆唯一一次见到宝宝。现在，她基本上是一年来一次，圣诞节时，或者也许是孩子过生日时。我们没有办法改变她，也只能同意她这么做。

吉拉 / 一个孩子的妈妈

**在重大问题上要坚持自己的立场**。有一点很重要，当你真的认为孩子奶奶已经触碰到底线时，你要大声说出来。如果你不知道自己该如何去说，那么可以运用第3章所讲述的办法，好让自己变得自信果断一些。孩子奶奶的心理需求是重要的，但你和你家庭的需求更重要。你有权利按照自己家庭的价值观，选择适合的方式，去经营自己的家庭和照顾自己的宝宝。

在我婚姻的大部分时间里，我都在努力阻止我的婆婆插手我们的生活。可我的第一个孩子出生后，对此我已感到力不从心。我觉得她接管了一切事情，我信心丧失殆尽，感觉自己不可救药。当有了第二个女儿时，我拿出了我的勇气，为她画出了很多界限。她不喜欢这样，对我是百般挑剔，这真的让人难以忍受，但最后我还是掌控了局面。

朱莉·安 / 两个孩子的妈妈

**引导她的行为**。多年以来，各种研究毫不例外地告诉我们，告诉一个人去做什么，会让他改变得更快，而告诉他不要去做什么，则刚好相反。所以，要让她清楚在你心目中她的角色定位该是什么——帮你买一些日常生活用品，做一些烤面条当加餐，到家里来，这样我就能睡一小会……

**和你爱人并肩作战**。尤其是在这种情况下，相比于你的母亲，你与婆婆之间的问题更严重，这时你的丈夫就需要站出来，坚定而自信地站到你这一边。如果只有你一个人坚持基本的原则，那么她就会认为，自己的儿子和你的意见并不一致。只要你们成为一个团队，仅凭一个"孩子的奶奶"是不会战胜一对自信的夫妻的。

**通过谈话一次性解决问题**。可以考虑进行一次谈话，把话说开，不要寄希望于两个人能心灵相通，能心知肚明。要得到解决办法，你必须清楚自己所关心的是什么，并向她说明这一切，有礼貌并且明确地去说。谈论这些东西，并提出你的解决方案，也即两个人都要清楚自己的角色，并做好分工。

**不要限制她给宝宝的爱。**如果你觉得孩子奶奶都快要把你逼疯了，那么你的宝宝也可能不会和她很亲近。你要想到，面对这个疯狂和冷漠的社会，要想你的孩子为此做好准备，能在这个世界更好地存活下去，你就要为他最大限度地编织爱之网，所以，我们不要限制自己的孩子与其他人接触。也许，你可以暂离一会，让孩子的爸爸花时间陪伴孩子和他的奶奶，你只需每隔一会儿去看看他们。

**更新她的育儿知识。**大多数的婆婆并不是有意嘲笑你的育儿方法，她们也想给宝宝带来最好的东西。对她所了解的那些育儿方法要给予信任，要记住，她的这套方法至少曾在自己的孩子（你的丈夫）身上用过。不过，当她的那些方法看起来已经老旧过时时，你就要送给她一些简单明了的小册子，其内容是关于如何照顾孩子的一些重要事实和最新研究。

**对她的经验智慧表示尊重。**那时还没有现代的网络和社交媒体，孩子奶奶们提供的那些育儿建议，其主要来源途径应该是她们的母亲。考虑到她们一生大部分时间都在期盼着传授这些一成不变的经验，可以认定，这些经验早已跟不上时代的脚步。我们不是在感情用事，她们在这方面的确是没有多大进步。如果孩子奶奶觉得她们的建议没有被采纳，她们就会担心，你是在轻视她，对她弃之于不顾。所以，当你还听得进去时，就尽量听她们说。也不要对她们每一条建议都不予考虑——世界上没有绝对的事情，说不定她的哪句至理名言，说到了你的心里去。

我觉得有点可笑，我的女儿和女婿好像认为我对养育孩子的事一无所知，我可是养育过两个孩子的，有一个就是现在的这个女儿。在我外孙成长的每个阶段，我的女儿和女婿都会对我说一些育儿金句，灌输一些育儿知识，某某事情是怎么发生的，又是怎么结束的，你就等着看结果吧，一副胜券在握的样子。两年了，她们总是这个样子，现在我只能对自己微笑，然后回答他们：“哦，是真的吗？”

　　　　　　　　　　　　　　　　　　**丹尼斯** / 两个孩子的妈妈，两个孩子的外婆

**不要轻易批评别人。**你要记住，在 20 世纪 70 年代，人们普遍建议妈妈把婴儿放在自己的肚子上睡觉，而 50 年代和 60 年代，配方奶喂养受到了很多的正面报道，

以至于60%的婴儿只采用配方奶喂奶。那是时代的错误，而不是个人的错误。所以，当我们成为父母时，我们不要陷入一个思想误区，相信我们现在无论做什么都是正确的，自然而然，也就会给上一代人的育儿方式贴上不安全、危险、不健康或完全错误等标签。请记住，在以前，我们的父母采用任何一种育儿方式，都是出于一片好心。对于过去，我们要宽容地对待，对于将来，我们要好好想一想，当你的孩子长大了，他对你现在选择的育儿方法会是一种什么态度，如果他是一种蔑视的态度，你又会怎么想。

　　我的女儿发现，小时候她是用配方奶养大的，这时，她就开始生我的气。我为她所做的一切，让她难以接受。她是我的第一个孩子，体重也一直不增加，当然我也听了医学专家的意见。尽管如此，她还是觉得我太让她失望了。我希望她能理解，在我们各自的时代，信息水平是不同的。我想，也许等她的孩子有了自己的孩子时，她才能理解我吧！

**格伦达** / 两个孩子的妈妈，一个孩子的外婆

　　**不要为小事烦恼**。有人做事，有人看人做事，看的人总是会对做的人指指点点，所以孩子奶奶总是比你容易小题大做。不要在一些小事上和你的长辈们争论不已，纠缠不清，比如包裹孩子这件小事，各有各的包法，也无所谓哪种好，哪种不好。相比于让家庭进入战争状态，只是对育儿方法进行一些不动筋骨的调整，会让你的宝宝少受一些不必要的罪。

阶段2：写给孩子的奶奶或外婆的，如何处理与孩子妈妈关系的建议

我希望孩子的奶奶或外婆们能看到这部分内容。就这部分内容，你可以塞一个书签，然后把它放到桌子上她的咖啡杯旁边，或者，在你们下次谈话时，你礼貌地把这些小建议直接告诉她，这或许看起来更容易。

**宝宝让人着迷，你很喜欢他，但是要记住他是属于别人的**。的确，你可能对新生儿有更多的了解，但这不是现在的重点。为了让这个珍贵的小家伙有个最好的开始，她需要和妈妈待在一起，这会让她们建立互信和感应。所以，你要后退一步，并告诉你的女儿，她正在做一件让人很羡慕的事情。有时这件事很难做到，但它极其重要，否则，你就会发现自己很不受人欢迎。

> 我妈妈是个了不起的女人。每一件事她都做得很好，而且还很自信。作为一个单身母亲，她养育我们四个兄妹，而在我家里，她也大包大揽，我反而没机会去照顾一个孩子。有时候，我更期待那样的画面出现：一个不完美的我，坐在自己不干净的房间里，而我的妈妈却不出现。我真的无法忍受，她再一再二再三地对我说，养育孩子实在太容易了，一个两个三个都没问题。
>
> **奥利维亚 / 三个孩子的妈妈**

**在儿女家要谨慎**。作为长辈，如果你得到足够信任，那么你可能会有一套儿女家的钥匙，由此有些事情你需要谨慎而行。记住，当他们不在家的时候，不要去重新摆放家具或者整理橱柜（除非他们要求过），否则你会被认为是入侵者而不是来帮忙的人。

**进门前要预警**。不要突然就进入你的外孙家，进门前先打个电话，或者要引起他们的足够注意。一些新妈妈可能不会介意，但如果你的第一次即兴拜访遭遇的是冰冷的笑容或眼泪，那么就停止这一切吧。

**不要提建议**。研究已经一再表明，妈妈们真正想从自己的母亲和婆婆那里得到的是情感支持，而不是那些零零碎碎的大道理或训斥之语。所以，除非她征求你的意见，否则就尽量说些鼓励和支持的话。

**在她的家，就遵守她的规则**。记住，你已经花了很多年的时间才形成了一些想

法，什么对你和你自己的家才是正确的。你的女儿也有权利这样做。正如电视名人和心理学家菲尔博士所言："在他们的婚姻中，你是一个客人，在他们的家里，你也是他们的客人。如果你想在那里受到欢迎，你就必须遵守他们的规则。"

**不吝惜赞美之词**。孩子的奶奶、外婆们，你们还是否记得，在你们的育儿之旅中，总是想那个问题："这项工作我做得好吗？"记住，你可以和新妈妈讲一些事情，以此去帮她，让她觉得更自信，能更好地养育孩子。同时，这也意味着，孩子的妈妈会时不时地想着盼着念着你去她的家。

如果我可以让自己的婆婆为我做一件事，我希望它是，对我好一点。我知道这听起来很简单，也很可悲，但这真的是我想要的。如果我陷入困难，我希望她鼓励我，而不是讽刺挖苦。如果我手忙脚乱，我希望她帮助我，而不是挑剔苛求。当我偶尔做对的时候，我只是想要得到她的一些认可。我这样的要求难倒真的很过分吗？

莫莉 / 一个孩子的妈妈

**不要挑拨夫妻关系，要劝和**。对于经常争吵的父母来说，他们的孩子不会生活得更好，所以在任何夫妻之间，不管你怎么看待他们的关系，你都不能做一个挑拨离间者。这不是你的小家庭，而是他们的，所以你偏袒一方或把责任推向一方，都是一种愚蠢的行为。

每次只要我的丈夫干活出一点力，我的婆婆都会评价他有多了不起。我做的其他事看起来都无关紧要，我也不会得到一点表扬。一天晚上，丈夫给我们做晚餐，婆婆依旧如此行事，在她看来，我的丈夫本领大得好像都已经解决了世界贫困问题。我没有很好地处理这件事，整个晚餐都吃得闷闷不乐。更糟的是，从那时起，每次她表扬我丈夫时，我都会让她知道很多事情都不是我丈夫做的，而是我做的。这让我看起来像是一个没长大的孩子。我一直希望她下次过来时能以更成熟的心态地对待她。

康妮 / 两个孩子的妈妈

**记住，时代已经发生了变化，要尊重她在工作上的选择**。最近的统计数据显示，与 20 世纪 50 年代和 60 年代相比，现在职业女性的人数增加了一倍。为什么呢？只能说我们很幸运，生活在发达国家，这些国家对赋予女性工作权利持支持和尊重的态度。确保你尊重她的选择，这样，她也会尊重你的选择。此外，因为家庭住房抵押贷款的压力，大多数夫妻都会选择同时工作，以求得有两份收入。大多数妈妈都可能觉得，只有重返工作，才能让自己的内疚和悲伤减少一些，所以，你要尊重她的选择，而不要让情况变得更糟。

我的母亲总是把我所从事的工作看作是一种不太重要的业余爱好，而我自己却在其中得到满足。她说的好像也对，又有谁愿意每周 25 个小时去干打包货架这种活？我这样做是为了让我的孩子能生活在安全的街区，能送他到一个好一的点学校。我的工作毫无乐趣可言。

**杰基** / 两个孩子的妈妈

**更新自己的知识和观念。**如果你想分享一些育儿小窍门，请你确保自己的这些知识不要过时，要是新的，或者你至少要了解一下这方面最新的研究。对这些东西，你可能并不会全盘接受，但至少你要吃透这些原则，用以指导你女儿的育儿行为。

我的婆婆很努力，可她就是搞不清楚那些东西。她给孩子买的东西不是大小不对，就是对男婴用的、女婴用的傻傻地分不清楚。她告诉我的那些建议和想法，让我觉得匪夷所思。我不知道该对她说什么，可也不想冒犯她，只是希望她能读一些育儿方面的新书。至少我们能达成共识，哪怕一点共识。

**珍妮** / 两个孩子的妈妈

**保持各种平衡，**当一个小宝宝走进你的生活时，记得不要放弃自己的朋友，不要错过自己的休闲和娱乐时光。否则，这不但会给新妈妈带来太多的压力，让她每天得去照顾你的感受，也会让你变得愤愤不平，你奉献了那么多的"宝贵的经验"，她却视而不见，听而不闻，还不领你的情。长辈牺牲一切的精神和妈妈牺牲一切的精神对各种人际关系是有害的。保持平衡，保持健康，为了你，也为了每一个人。

**找到自己的精神家园**。长辈们也需要自己的老伙伴，就像任何母亲需要自己的大伙伴一样。这样，你就可以分享你的挫折，获得别人的建议，寻求到更多的支持。

### 阶段3: 双方达成共识

通过本章的阅读，我希望你们之间的关系有一个突破性的变化，就像怀孕时子宫收缩时那样突然，然而伴随而来的是幸福和欢乐。只要有可能，我建议你和孩子的奶奶外婆把这10个实用的小贴士复印下来，当心里想不通时就找出来看一看。这些建议会让你们的关系始终处于积极的态势。

我和我的母亲一连几个星期都处于不安之中，而且还互相说了些刺耳难听的话，最后我们坐下来开始交谈，究竟发生了什么事。原来，在艾莉出生的前几个月里，照顾她时，我们两个都不确定该做什么，该说什么。她是一个令人棘手的小宝宝，她不停地哭。所以，我们两个说好，以后要多沟通交流，在我们所做的事情里，这件事是最令我们满意的。现在我们都能够照顾艾莉，也不用去理会外人对我们的育儿方法的指指点点。

崔西 / 两个孩子的妈妈

# Top 10

# 写给孩子妈妈以及奶奶
# 外婆们的忠告

Tips for mothers and nannas

❶ 你们两个不是竞争关系。不要把宝贵的精力浪费在争论谁的育儿方法更好上。即使你们偶尔所做的事并不相同，但你们最后都能成为了不起的母亲。

❷ 家庭中绝不容许出现粗鲁的行为。不要犯这样的错误：对待陌生人要比对待自己的亲人更友善。每个家庭成员都应该得到尊重，并受到礼貌对待，这是底线。

❸ 接受对方个性，而不是对彼此差异颇有微词。你们是不一样的，永远也不会一样，而且任何其他两个人都不会一样。你应该是你，她也应该是她。人与人之间只有种种的不同，却无谁好谁坏之分。

❹ 选择原谅。往好里说，怨恨毫无用处，往坏里说，它具有很大的毁灭性。适应新角色会带来压力，压力会带来行为上和交流上的错误。如果必要，给对方一点小恩小惠。必要时要说"对不起"，因为成年人总是忘记使用这句话。

❺ 千万不要低估一句善言的力量。当关系出现摩擦且越发紧张时，一句好话就像是一剂清凉剂，会让心绪平复，会让紧张缓解，会让感情创伤得到修复。记住，要经常说这些话。

❻ 解决你自己的问题，而不要责怪别人。成年人都要承担起自己的责任，如果你发现自己出现焦虑、苛求心理、生活艰难、沮丧或其他一些心理上的改变，那就要尽快进行干预。这是为了每个人的利益。

❼ 主动去学习新东西。大多数人都知道的事情，你可能都不知道。一种可能

的方法是，如果你花时间去了解对方的价值观和行为方式，对你们之间的不同，你很可能会更加宽容。

⑧ 不要把精力用在和人生气上。愤怒给你们带来的只能是更愤怒。如果你受到了伤害，把它处理好，然后就让它过去。你要多想那些能给你带来鼓舞的人或事，而不要让那些纷乱复杂的问题占据你的头脑。

⑨ 有时候改善两个人的关系需要一个推动者。这意味着你们当中有一个人必须站出来，让自己成为那个聪明有智慧的女人。为了让你们的关系和解，必须有一个人首先要做出让步。放下你的骄傲，去成为那个人。想想如果你不解决自己的分歧，未来又会怎样，尤其是对你们的宝宝。

⑩ 好好对待自己。有时候你无法改变自己和别人的关系，但是你可以选择好好对待自己。对自己说友善的话，深呼吸。爱你自己，并寻求与真心爱你的人建立联系。

## 不要让双方的父母给你们的婚姻带来消极影响

如果你们还没有在抚养孩子的重大问题上争论不休，那么孩子奶奶、外婆们所提出的各种话题一定会为夫妻间的吵架埋下伏笔，就像苏珊·福沃德所说那样："当你的姻亲关系出现问题的时候，你的婚姻就会出现问题。"

因此，为了避免你们的夫妻关系不时出现问题，我提出了以下几点建议。

**你们的夫妻关系总是赢家，对这一点，没必要辩论。**事实再简单不过，相较于一个母亲和她长大孩子之间的关系，一对成熟的夫妻之间的关系是更重要的，也是更牢固的，只是孩子的奶奶、外婆们可能不这么认为。因此，解决问题的方法也要考虑到双方。

**确信你没有这种想法——自己母亲比自己的爱人更重要。**你的母亲可能会说些有道理的话，但是，将你的爱人排除在决策之外，也意味着他对这些事将撒手不管。要尽可能地寻求他的建议，如果你和你的妈妈提出了一些很好的想法，至少要经过他的同意再去实行，以让他参与到决策中来，毕竟那是他的孩子。

**当他的母亲乱插手时，确保你的丈夫不要置身事外。**如果他母亲的行为伤害了你，那就由他来替你挺身而出。他需要自信地、冷静地告诉他的母亲要改变她自己的行为，或减少和她接触。

**不要鼓动爱人和父母断绝往来。**除非长辈们对你们的婚姻极具破坏性，否则不要鼓动你的爱人和他们断绝所有的联系。这是恶劣的，也是极具伤害的。想象一下，如果是你，你自己再也见不到自己的父母了，会是何种感受。相比于下这个痛苦的决定，找到一个解决方法总是更好的选择。不要让自己的爱人在你们两人之间做出选择，让他们继续保持关系，即使也不会去这么做。

**不要去想她。**她快要把你逼疯了，你也不喜欢她，你已经大量减少了和她的联系，既然如此，你又何必还去想她，为什么还要喋喋不休地谈论她？如果没人在电话里提起她，你就不要主动谈论她，如果她不在你的家里，你就没必要去想她。对于她的牢骚抱怨，你要为自己画一个界限，就比如是 10 分钟，每次你和她接触 10 分钟后，你就没必要去搭理她了，然后随她去。

**彼此尊重。**你可能会怀疑他妈妈的脑子是不是像豌豆那么大，但你丈夫却认为她很擅于接受新事物。那就把这个话题搁置起来，不要去为此争论出个结果，因为它毫无意义。允许对方有不同的意见，但一定要避免去贬低你们各自的父母。

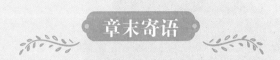

章末寄语

　　如果开始读这章时，你觉得和家长长辈之间的冲突一触即发，那么我希望你在读完这章后，你的感觉是心平气和，然后和她一起喝杯茶。

　　如果你开始读这章时，你的想法是，当她来你们家时你要把她关在门外，那么我希望你在读完这章后，你的想法是，把她邀请进屋子，哪怕是让她抱一会你的宝宝。

　　如果开始读这章时，你觉得自己有这样一个好的妈妈或婆婆，真是你们天大的福气，那么我们希望你们能继续加强情感联系。人与人之间充满了爱，每个人的身心都会处于最佳状态，也都能更好地行使自己的职责。我们都希望人们会真诚地告诉我们："我们已经度过了最困难的时刻，我们一切安好。"

　　没有妈妈的帮助，我肯定会把事情搞得一团糟。她教会我的，不仅仅是实践层面的东西，更在精神层面上，让我学会了很多东西。她想做的，是让我体会到自信，让我清楚我在做什么。回顾过去，我发现，从我出生的那一刻起，她所做的一切就是为了让我以后能成为一个最好的妈妈。

**希瑟** / 两个孩子的妈妈

第 10 章

失去母亲的母亲

　　失去自己的母亲，对一些人来说，感觉就像经历一次持续漫长的疼痛。对另一些人来说，它就像是一波又一波袭来的强烈悲伤。另外一些妈妈则说，它看起来更像是一样东西失踪不见了。当我们成为母亲时，却又失去了自己的母亲（因为死亡或疏远），她们的离去会给我们带来一些悲痛，而这些悲痛我们又完全无法预料它。

**/ 警告 /**

　　这是最令人压抑的一章，其悲伤可深入人心。对许多女人来说，悲伤如此深沉，似乎永远不会结束。我不能自称说我熟悉这种感觉，因为我没有失去过自己的母亲。因此我这方面的工作经验，都来自于我工作时遇到的那些失去自己母亲的妈妈们，并结合了许多其他母亲的经验和感悟，这些母亲都是我日常生活中遇到的，她们也都失去了自己的母亲。为了写这一章，我调动了所有的记忆，整理了很多脑海中的故事，并为它确立了一个充满希望的主题思想。在写作过程中，我自己深受感动和鼓舞，我相信，你读到它们，也会像我一样。

　　失去自己的母亲，对一些人来说，感觉就像经历一次持续漫长的疼痛。对另一些人来说，它就像是一波又一波袭来的强烈悲伤。另外一些妈妈则说，它看起来更像是一样东西失踪不见了。当我们成为母亲时，却又失去了自己的母亲（因为死亡或疏远），她们的离去会给我们带来一些悲痛，而这些悲痛我们又完全无法预料它。

　　我小时候喜欢这个吗？你又是如何处理的？我的工作做得好吗？这些问题都是一个新妈妈想要去问自己母亲的问题。然而，对于那些失去母亲的人来说，她又会去问谁呢？谁又知道答案？谁又能让她放心地相信这些答案？

　　下面是我工作时遇到的一些母亲的故事。

　　现在我是一个妈妈了，我比以往任何时候都更加努力，因为我妈妈不在我的身边。我真希望能打电话给她，让她和我一起去散步，这样我就能走出屋子了。我讨厌逛街，讨厌看到那些妈妈们和自己的母亲一起在购物。以前，我从来没有意识到我有多需要她。我非常想念她。

**娜塔莉** / 一个孩子的妈妈

　　我妈妈是个瘾君子。她从来都没有真正地成为过我的母亲，充其量是一个把我生下来的人。她从来没有对我感兴趣过，也从来没想过要了解我。我以为生个孩子会让她能付出更多努力去改变自己，但她一点也不在乎。作为我的母亲，我却从来没有想念过她，倒是别人的妈妈身上所体现出的母爱，却让我十分迷恋。当我的朋友抱怨她们的母亲时，我很想说："你知道你有多幸运吗？"但是我没有开口，即使开口了，她们又怎么会明白？我的婆婆有时也会来帮忙，但因为我的家庭条件不好，她一直都觉得我配不上他的儿子，所以我觉得她希望看到我的失败。我有决心成为一个好母亲，一个与众不同的好母亲，我不会失败。我不想让我的孩子像我那样长大。

**匿名** / 一个孩子的妈妈

　　母亲在我第一个孩子出生时，已经去世14年了，然而在我的儿子出生的最初几个月里，我对她的怀念却无比强烈，这种强烈是以前任何时候都没有出现过的。我想让她在那个地方分享我的喜悦，让她抱一抱自己的外孙女。我想她能给我提一些建议，怎样喂宝宝，怎样包裹宝宝，出现了那些吓人的皮疹怎么办，甚至是宝宝出现了异常的大便。我想问她我小时候喜欢什么。半夜时我是否能尖叫上好几个小时？听到一辆垃圾车经过时我是否吓得发抖？撕报纸时是否歇斯底里地大笑？只是，这些问题我将永远不会得到答案了。

**蒂芙妮** / 三个孩子的妈妈

## 为什么失去外婆的孩子会如此多？

这不是什么秘密，我们决定生孩子的时间比以前的任何一代人都要晚。我们想要发展自己的事业，想要四处旅行，或者在生孩子之前赚足够的钱，至少钱要多得能让自己放下心来，这些都是我们不想过早去做妈妈的诸多原因之一。对另一些人来说，她们渴望要一个宝宝，但不孕症却让她们在沮丧中等了一年又一年。

来自英国国家统计局（ONS）最新数据显示，安全生育的 40 岁以上女性的数量几乎增长了两倍，从 1990 年的 9717 名到 2010 年的 27731 名。英格兰和威尔士出生人数的几乎一半，其母亲的年龄在 30 岁以上。在澳大利亚，来自澳大利亚家庭研究所的数据显示，35 岁至 40 岁有过生育的女性数量，从 1989 年占总人数的 2.5%到 2008 年的占总人数的 12.2%，增加了近 5 倍。

当然，如果我们生孩子时的年龄更大，就意味着我们的上一辈在我们的孩子出生时可能会更老。因此，它就不可避免地增加了我们父母出现各种问题的概率，如身体不好、晚年常见健康问题或各种重大疾病。其最终结果就是，我们中的许多人都在向上一代人告别，同时又在迎接下一代人。这种极度悲伤和无比欢乐共同出现的情形，会让许多女性的情绪变得纷繁复杂，难以言表，快乐固然能掩盖悲伤，但也同时能放大痛苦，许多女性都感觉自己像是被砸碎了双脚，然后被扔在地板上独自哭泣。

我等了很长的时间，才等到我的孩子的到来。这注定是我一生中最伟大的时刻之一，但我从没想到过，几乎在同一时间我会同自己的母亲告别。她本来是我的陪产人，但是如果让我相信她已经离去的事实，那实在让我难以接受，所以在我分娩时，我相信她会以某种方式来到我的身边。我能听到她的话语，我能感觉到她的支持。后来，在我最困难的日子里，我也这样去做。只有通过这种方法，才会让我继续相信，她从未离我而去。

**艾米**／*两个孩子的妈妈*

也有一些妈妈只是无法维系与自己母亲的正常关系，或者无法让自己的母亲成为她该成为的外婆角色，其原因可能各种各样，只是不包括已经死去这个选项。我们中的一些人的成长虽然伴随着母亲的陪伴，但她们看起来并不关心我们，或者看起来并不想要我们。也许她们选择了酒精或一些非法物品，而不是选择去做我们的母亲。有些人的母亲患有严重的精神疾病或其他形式的疾病，这意味着我们一生都在照顾她们，而不是她照顾我们。

如果出现上述的情况，那么悲伤就是无法避免的。要注意，我提到的悲伤，并不是单纯字面意义上的悲伤，而是因为失去了母亲而带来的那种悲伤，无论是因为死亡、疏离，还是因为其他原因。但并不是说，那些失去母亲的妈妈就一定比其他的妈妈更悲伤或更孤独，此时此刻，对这些妈妈我们报以同情之心，而不是拿她和人进行比较。无论是什么样的原因，如果你认为在自己的生活中已经失去了自己的母亲，那么这一章将对你大有帮助。

## 失去自己的母亲，这会对你的育儿方式有着怎样的影响？

一个月前，我给了孩子一张我自己的照片。照片里，我坐在那床我母亲做的被子上，并捧着她的一张照片。我的孩子们并不认识她们的外婆，但是她们认识我，我永远都是她们的一部分，从某种程度上来说，孩子们也在我身上见到了她。

**凯瑟琳** / 三个孩子的妈妈

失去母亲的不幸会给你带来很大影响，让你的育儿方式变得独一无二，不可能和其他人一模一样。穿着你的鞋子走一天路的人都少之又少，就更不会有人能够体味到你的那种感受——一辈子走在同一条路上。在我工作中遇到的那些女性中，她们都没有相同的经历，而她们的那些情感体验，你可能经历过，也可能没经历过。

### 更加强烈的责任感

失去母亲的不幸，会让我们觉得，一个孩子没有自己的外婆，他的一生中将会缺少许多东西，为此我们必须要尽量弥补它，甚至把它当成一种义务。我们会多陪他玩，为他做更多的事情，甚至会为他买更多的东西，而这些都是外婆们经常做的事。做这些事会让人筋疲力尽，而且看起来没个尽头。尽管如此，我们尽了自己最大的努力，但我们还是觉得，这还不足以弥补孩子外婆的角色。

从某种程度上，我觉得自己所做的每一件事都是一种补偿，毕竟孩子没有自己的外婆。我想为她做很多很多事情，让她体验到幼年时我所体验到的一切，宠爱她，为她买很多很多衣服，哪怕这些衣服买了之后都很少穿。可以预料到，以后她过生日和过圣诞节时，花在她身上的钱更是巨大。我不想让她觉得，失去了自己的外婆，就失去了很多东西。

要记住，因为各种原因，很多孩子都会在没有外婆的情况下长大，可它不会导致孩子出现不适应，以及抑郁或焦虑的倾向。相反，如果我们不计代价地为她做各种各样的事，而且每件事又都做得都点过头，那么过度补偿不但不能带来好效果，反而会走向它的反面。孩子们需要一种平衡，自然生长与过度干预之间的平衡，他们需要一个安静的环境来认识自己的世界，需要父母为这个家庭营造一种安静的氛围。为宝宝举行第一次派对，准备那些吃的和用的，固然让人心情愉快，但你如果是一个容易神经紧张的人，为了让派对更完美，反而会适得其反，说不定你会因此变得紧张兮兮，而这对孩子来说，绝不是一件好事。

### 时时刻刻都想待在孩子身边

面对死亡和离别，人们会对生命和存在的意义有更深刻的理解，我们也会格外珍惜那些美好的时刻。因为我们有过分离的感觉，所以才觉得能够时刻在一起是多么的必要。这会让我们陷入一种状态，绝不让我们宝宝一个人独处，要时刻在他身边，吃睡永远都在一起。如果其他人来关心我们的宝宝，对此我们可能会加以拒绝，可以去疼爱宝宝的，只能是自己。对那些失去了生命中一个极其重要的人来说，这种行为是可以理解的，但是不要忘了，我们最后的目标是，让我们的宝宝逐渐地学会如何应对这一切，毕竟我们不可能永远在他身边。（记住，当剪断脐带的那个时刻，这个过程就已经开始了）如果我们改变不了自己的这种观念，那么寻求专业人士的帮助就是必要的。否则，就会有下面的风险：我们不是在照顾宝宝，而是宝宝在照顾我们的那颗颇为复杂的心。

我的妈妈从来没有抱过我。她也从来没亲过我，在她眼里，我是多么特殊或重要。她甚至都没打算要我，很自然，她也不会对我的孩子感兴趣。我下定决心，绝不让这一切在孩子身上重演，但是有一天我发现，我做得有些过头了，我痴迷于孩子，我也因此而迷失。我怕他哭，否则他一哭，我就开始怀疑，我是不是哪里忽视了他，就像我妈妈对我那样。有一次，我得到了专业人士的帮助，我开始明白了，我自己的问题何在，又该如何成为一个真正的好母亲。我明白了，我必须让自己的孩子和其他人建立良好的关系，而不是仅仅和我。那个心理医生对我帮助真的很大。

**索菲娅** / 一个孩子的妈妈

### 会让自己对育儿方式充满疑惑

许多母亲在得到妈妈的积极鼓励和指导时，都会感到非常欣慰。没有一句话能像母亲说过的那句话，令我们无比珍惜："你是一个好妈妈！"所以，当我们无法从母亲那里听到这句话时，我们就会总是自问，我该做些什么，又该怎样去做。我还会揣测，面对同样的问题，我的母亲又是如何做的，我们处理它时，是比母亲做得更好，还是做得更差。这就好像，我们在评判自己的育儿技能时，失去了一个可比较的对象。

　　我一直在怀疑自己："我做得好吗？我能做得更好吗？"我回想自己的童年，猜想这些事情母亲是否也都为我做过。我想知道她都做过什么？是否方法也和我现在的一样？我会想，她一定会同意为我孩子做出的种种选择，即使和她的做法不尽相同。但这一切都不可能了，没有母亲在身边，我无论做什么都觉得不放心。每一天我都渴望着，她能对我说："孩子，你做得很好！"

**雪莉 / 三个孩子的妈妈**

　　因缺少母亲的认同和支持而带来的各种问题，其解决途径也是多种多样。

　　—有些人依赖一个年长的女性朋友，而她对帮助新妈妈很热心（相信我的话，有很多这样的年长女性，因为她们女儿不在身边，所以非常喜欢去帮助新妈妈）。

　　——一些人宣称说她的母亲群起到了类似作用。

　　——一些妈妈则坚持认为，母亲已与自己疏远，她的兄弟姐妹或舅妈伯母可以替代自己母亲。

　　——一些人则求助于儿童保健护理人员或家政服务人员，让她们为自己提供定期的帮助，帮助自己消除疑虑、增强信心。

　　——一些妈妈会提醒自己的爱人，让他记住，要不时地帮助自己消除疑虑、增强信心。

　　——有些妈妈则会通过学习书本上的知识，以求获得一些心理上的安全感。专家们的育儿建议大部分都会被妈妈吸取并运用。

## 回忆儿时却发现记忆一片空白

　　在成为母亲之前，我们对自己孩提时代的一切兴趣几乎为零。可自从宝宝到来后，我们对此的兴趣提升到了一个匪夷所思的水平。我是怎么出生的？是怎样被喂养的？觉睡得好吗？是不是总是在屋里尖叫？我们什么时候会爬的，是早还是晚？我们是不是很容易哄，或者需要不时地有人和我们玩？但是没有了母亲，这一切都无从知晓。即使我们的父亲仍然健在，但上一辈的父亲们对这些事都知之甚少。尽管他们在很多方面都表现得令人惊叹，可唯独对孩子幼时的事却记得不够多。

米娅是一个很难照顾的孩子，我很想知道，我小时候是否也像她一样。如果我也是那个样子，孩子又像我，那也没太大关系，既然母亲能照顾好我，我也该能照顾好我的孩子。如果我和米娅不像，那么母亲会安慰我，米娅虽然很难照顾，但我还是一个好妈妈。一想到这些，我就觉得自己能处理好面前所有一切。

**朱莉** / 两个孩子的妈妈

这是一个很难解决的问题，每一代人都失去了自己孩提时代的那些回忆，当我们成为妈妈时，我们的母亲却已经离世，所有的儿时旧事都只能尘封于土。有时，有一个阿姨会回忆起我们儿时的趣事，或者一个老朋友会想起我们的妈妈，想起她睡眠不足时的沮丧，想起她因我们安静乖巧而沾沾自喜的样子。虽然你可以从那些人口中得到一些记忆片段，但也必定是微乎其微的，原因也很简单，因为即便是我们的母亲还在，她对我们儿时的记忆也常常是非常有限的（尤其是家庭中有多个孩子）。要知道，每个婴儿都是不同的，出生方式不相同（剖腹产或水中分娩），性格气质不同（安静或好动），身体条件不同（状况不佳或患有疾病或一切正常）。你眼前的工作就是去了解自己孩子，以及他与生俱来的独特性，不要为自己儿时记忆的缺失而生气懊恼，虽然你有权这样做，但最好还是把精力集中到你应该做的事上。过好自己的每一天。

### 与婆婆的关系更尴尬

婆媳之间的关系有时候像是一场全面战争，如果你出现了这样的情况，那么请阅读第9章。抛开这些玩笑不谈——孩子出生后，为了他着想，就要恢复以前曾疏远的婆媳关系，而这会给妈妈带来更大的压力。因为失去了自己的母亲，有些妈妈觉得这种压力无形间增大了很多，有一些妈妈则说，如果和自己的婆婆相处得很融洽，某种程度上感觉就像是背叛了自己母亲。而另外一些妈妈则把它当成一个机会，和自己的婆婆言归于好，因为这些婆婆都非常渴望给外孙带来属于自己的东西。

老实说，自从我和丈夫结婚以来，我和婆婆的关系一直不好，直到宝宝出生，这一切完全改变了过来。我们是不同类型的人，虽然她对我照顾宝宝的方式有不同的意见，但在宝宝刚出生的那个阶段，她对我是全心全意地支持，让我觉得自己所做的一切都非常好。我很感激她，但我们的关系仍旧很冷淡。我一直希望能帮助我的是自己的母亲，而不是婆婆。

**贝琳达** / 一个孩子的妈妈

我们可能都有这样的担心，丈夫的家人会对生长中的孩子产生更多的影响，因为他们会把自己家里的情况都告诉孩子，而自己的家人在这方面则相形见绌。艾莉森·吉尔伯特在她的有关育儿的书中说，因为自己母亲的缺失，而排斥丈夫的亲属参与对孩子的抚养，这种观念是错误的。

我的丈夫是德国人，所以我觉得在抚养小马克斯的方式上，我丈夫的家人都会施加自己的影响。可我不是德国人，小马克斯也只算半个德国人。如果我的妈妈还在，她一定会明白，千万不要让小马克斯彻底变成一个德国人。所以，我给孩子讲了许多关于澳大利亚的故事，给他买了很多印有澳大利亚国旗的衣服。这也算是我发挥家族影响力的一种方式。

**玛吉** / 两个孩子的妈妈

### 想炫耀宝宝时身边却空无一人

失去母亲的那些妈妈们，经常会这样说，失去了自己的母亲，就等于失去了一个和自己互相吹捧的朋友。的确如此，除了我们的母亲，那些夸赞宝宝的笑是多么招人喜欢的话，还有谁去愿意听？还有孩子学爬时那一起一伏的姿势，你绘声绘色地讲述它，哪个人会听得进去？

记得有一次，我在商店里碰到一位年长的女士，那时我正洋洋得意地推着婴儿车和宝宝一起散步。也许是她觉得我的宝宝太漂亮了，就和我滔滔不绝地说起了孩子。有那么一小会，我非常高兴，觉得如果母亲还在，大概就是她的那种样子。然后，她掏出了她外孙的照片，也得意扬扬地给我看。我看着照片里的孩子，内心无法忍受，想马上走掉。我快速地走向我的汽车，当时已是泪流满面。

**蒂娜** / 三个孩子的妈妈

要知道，你的孩子需要的只是你，而不是让一大群亲属去围观并赞赏你的宝宝是多么的招人喜欢。更多的人参与会让育儿工作变得更容易，而且能分担你的压力，但这并不是绝对的。你把自己的孩子炫耀给别人看，可宝宝并不能从中收获到什么东西。实际上，只要情感有所寄托问题就很容易解决。我认识的很多妈妈都创建了自己的剪贴簿，写诗，甚至单就某个方面写写宝宝博客，就像她们自己的母亲那样。有些妈妈则选择了向舅妈姑妈或姑姥姑奶这些人炫耀自己孩子，让她们来替代自己的母亲。

### 痛苦的负罪感

很多母亲看起来都像个天使一样，受人尊敬，被人歌颂，但她们的过去却和现在不一样。实际上，当她们还是学生时，在某种情况下，也很蛮横，也很自恋。在那个年龄阶段，母亲对我们来说自然很重要，但其他重要的人（如男朋友）和重要的东西（如新款服装）也不少。直到有了自己的孩子，我们才会意识到，母亲是多么爱我们，为我们做出了多大牺牲。现在，我们有一种强烈的愿望，想要让她知道，我对她非常感激，感谢她聆听我们哭声的漫长时光，感谢她因为我们而无法入睡的夜晚。然而母亲却已故去，感激之词尚没有来得及说出口，留在我们内心的，只能是一种痛苦的负罪感。

当我慢慢长大后，我成了那样一个女孩，凡自己喜欢的东西一定要得到，却很少去考虑别人，尤其是我那看起来总是土里土气的父母。我的妈妈从不把心思花在她的头发或化妆上，她的这种形象总是让我感到很难堪。现在我有了自己的女儿，我开始为自己从前的自私自利感到后悔。我意识到，她把所有的关怀都给了我，留给她自己的却微乎其微。她那么做都是为了自己的孩子。可是现在她已经走了，我也不能再去表达自己的这份后悔之心了。当这愧疚变得越发沉重，我想大声喊出我的道歉之声，无论我的母亲在哪里，我都希望她能听见我的声音。

**琳达** / 一个孩子的妈妈

最重要的是，你的母亲知道总有一天你会明白这些，你会为她所做的一切表达感激，以及内疚之情，因为这样事情同样也在她身上发生过——在你的母亲和你的外婆之间发生过。但她也知道，你不可能早一些明白这些事情，只有成为一个母亲才能让你明白自己身处哪个人生阶段，并开始重新认识自我。所有的这些道理，只有通过亲身的体验才能体会到，不是哪个人就可以随便言传身受的。要知道，母爱是伟大的，无论你怎样对待过母亲，即便是曾让她万分痛苦，她都会选择原谅你。同样，对待你的孩子，你也会如此，原谅他所有的一切。

### 伤心于孩子没得到外婆的爱

如果母亲在我们眼里非常了不起，那么，当我们想到自己的宝宝不知道曾有过这么一个特殊的人时，我们就会感到十分悲伤。照片和视频里的外婆，和一个深爱着你，把你拥在怀里的外婆，是不可同日而语的。

母亲是在我的宝宝出生那年去世的，她就像紧紧抓着我一样，看着我也成了一个妈妈。我很欣慰，她临终之时见到了我的儿子托马斯。对于她的外婆，两个孩子都不能去真正了解她丰富的内心、温暖的怀抱和爱的深沉。我只能努力通过老照片和故事把这些东西传递下去。但也只能这样了。

**莎莉** / 一个孩子的妈妈

坦白地说，没有一种办法能弥补母亲给我们的宝宝所带来的那一切，可是仍有一些小事情能在短暂的瞬间让我们的母亲在孩子心中复活。读她爱看的书，去她喜欢的地方，弹奏她唱过的歌，在房间摆放她的照片，这些都是让我们的孩子了解自己外婆的有效方法。

## 如何从失去母亲的悲伤中解脱出来

在一个孩子哭闹不止和乱发脾气的日子结束时，我需要我的妈妈给我打一个电话，让我也哭一场，然后发一下脾气，就像我的孩子那样。我需要妈妈抱着我，告诉我一切都很好，就像我为自己的孩子做的那样。

**蒂芙妮** / 三个孩子的妈妈

我一直渴望着去学习更多东西，以帮助那些身处悲伤的女性，这在个过程中，我遇到了两名出色的应对悲伤的专业咨询师——玛尔和迪·麦基索克。

疏导那些失去母亲的妈妈时，我所采用的工作方法，很大程度上借鉴了他们两人的方法。下面是我对两人智慧之语的理解，以及我是如何帮助那些母亲去了解自己身上所发生的事情。

### 对悲伤而言，没有一种方式是好的，也没有一种方式是坏的

选择怎样去悲伤，全在你自己。如果悲伤意味着你连续几个小时翻动相册，并自始至终都感觉你和母亲联系在一起，那么这对你来说没什么不可以，如果悲伤意味着你在丛林里徘徊，只因为你年幼时和母亲做过这样的事，那么这对你也是可以接受的。除非你要做的事具有伤害性和破坏性，否则不要听信任何人，只要他们试图让你相信你所做的事是错误的。

### 没有两个人的悲伤方式是一样的

我们表达和体验悲伤的方式取决于很多因素，包括母亲的去世方式，当她去世时我们之间的关系是怎样的，我们的个性和以往的生活经历，直面他人死亡的经历，我们自己身体和情感健康状况，我们所见的其他重要的人（如我们的兄弟姐妹）表达悲痛的方式，还有别人对我们重大、有效的帮助。而且，没有必要把你的悲伤方式和别人的进行比较——或者想去知道自己的悲伤方式是更好还是更糟——要知道，两个人不可能以同样的方式进行悲伤。

### 悲伤不只谈话一种方式

旧的观念认为，如果你不说出自己的悲伤，那么悲伤就不会被缓解。很多谈话

疗法专家就持有这种观点，原因你也猜得到，因为他们就擅长用语言交流这种方式去帮助别人。交谈是那些专家帮助别人的唯一办法，但现在我们认识到，人们可以通过许多方式来克服悲伤，包括绘画、创作、修建建筑物、行走和冥想。我知道有一个母亲，她每个月都会在墙上挂上她孩子的新照片，她之所以这么选择，是因为她觉得她的母亲会喜欢，就好像她们一起选择照片，一起往墙上挂。这会让她想起自己的母亲在家里所做的事，就好像她还活着一样。对她而言，这是一种非常好的悲伤仪式，完全不需要与别人进行任何交谈。

### 悲伤方式和你的性格有关

如果在你母亲去世前，你是一个直言不讳、善于言辞、具有传奇色彩的人，那么你可能会把你的行事方式带到自己的悲伤体验中来。如果有可能，你举例子时会常提起她，以此来让别人记住她是谁。如果你比较内向，喜欢把事情藏在心里，那么你悲伤时可能会显得更平静。你可能会通过相册、瞬间的触动或重读她过去手写的笔记来勾起对母亲的回忆。

### 不要刻意规定悲伤的时间长短

不要听信任何人的话，说你的悲伤已经持续了太长时间，或者你的悲伤时间太短了。你表现出的悲伤，其时间长短完全是你自己的选择，因为这些悲伤依附于你与母亲的关系，而不是其他人的。也没有一个规定的时间点，在那个时刻你必须停止哭泣，不再去每周拜祭她的坟墓，不再去翻看她留下的衣服，不再保存她的小物件，或者同意出售她的房子和汽车。

### 悲伤不是一种精神疾病

悲伤是对痛苦的现实一种有益的反应，毕竟我们的世界因母亲的缺失而永远地改变了。消化这些悲伤，并适应悲伤所带来的种种改变，都必须要经过一个过程，对我们每一个人而言，这个过程都是独特的。这个过程不能简便从事，不能暂停、颠倒或停止。直面他人的死亡是一个可以改变自己一生的事件，但悲伤却不是一种病理状态。要注意有些好心的医生，他们倾向于把你的悲伤当成重度抑郁症来进行药物治疗。对此，要多听取其他人的意见。

### 减少悲伤，投入生活

如果你有这种想法，那么这将代表着你开始接受失去母亲的事实。接受现实并不意味着让你忘记自己的母亲，它只意味着你已经找到了一个正确的生活方式。有一段时间，我们所想的都是失去母亲这件事，但随着时间的推移，对于母亲的离去和我现在所拥有的一切，我们都会有新的认识。

我用了很长时间，才走出失去了母亲的阴影，开始把精力更多地用在照顾宝宝上。我开始明白，在一些日子里想到母亲，我可以闷闷不乐，但却不要为此悲伤难过。我也明白，哪怕有时我为宝宝做的事情不会那么面面俱到，但每一天我都会尽自己最大的努力。现在，我和自己的宝宝更亲近了，而且和她讲起外婆时，我也不是从前那种崩溃的样子。希望从现在开始，每当提起外婆时，宝宝就能感受到幸福，毕竟我妈妈也是一个非常快乐的人。让我的母亲给我的女儿带来幸福的感受，这一点对女儿来说非常重要。

朱莉 / 一个孩子的妈妈

### 能安慰你的东西，可能对别人不起作用

正如我们的悲伤之旅与另一个母亲不同，我们所需要的帮助和安慰也会不同。一个支援团可以为你提供一些机会，让你和其他理解你的妈妈们进行交流，但这可能会给其他妈妈带来更多的痛苦，或者她失去母亲后的生活和你的完全不同，这样你们之间会很少产生同感。千万不要这样想，对另外一个悲伤的母亲需要的什么，你能做到感同身受。同时，如果能让你得到安慰的东西与其他妈妈不一样，你也不要觉得自己就不正常。

### 接受别人的意见

就像我们可能以病态的方式爱上别人一样，对于悲伤，我们也可能会病态地迷恋，而这将会将我们的身体和精神健康置于危险之中。你务必要做到，确信你选择

的悲伤方式是适合你的，而且要去寻求帮助，对别人认为你的悲伤方式具有破坏性的建议，要洗耳恭听。如果你想平安（和理智地）地和自己的宝宝度过这第一年，那么你必须把自己的身体和精神健康摆放在首要位置。

### 不要排斥爱护你的人

你和母亲的关系是独一无二的，再也不会有谁会和你有这种关系了。但不要把这当成一个理由，而排斥那些关心爱护你的人。每个新关系都会有它自己的独特性，并具有积极的一面，这点我们可能从未想到过。所以，当你准备好了，请尝试着让别的人再次接近你。

### 悲伤不会结束

母亲对我们的生活有着深深的影响，这也意味着我们会永远地思念她。只是随着时间的推移，悲痛并没有那么强烈或巨大，我们明白，即使母亲不在身边，我们仍然可以正常生活。随着时间的推移，悲伤的感觉会变得更迟钝更微妙，但仍会有一些时刻，这些时刻可以预料到或者预料不到，我们那种强烈的悲伤会再次出现。总有一些东西会让你想起自己的妈妈，你为此出现痛苦，也证明了她在你生活中是多么重要。

## 面对你失去母亲的不幸其他人该怎么帮助你？

与失去母亲的妈妈们相处是一件很辛苦的事。无论其母亲是最近还是很久以前去世的，或者因为是母女二人关系疏远，这些妈妈在情感及行为等方面，都可能会使那些毫不知情的丈夫或朋友感到困惑、迷惑和惊慌。所以，可以把下面的这些建议送给他们（或者给他们复印一份），让他们给予你帮助。

## Top 10

# 如何去帮助一个失去母亲的新妈妈

Tips to suppost a new mum
without her mother

❶倾听。她会谈论一些关于感觉、情绪、记忆、遗憾和希望的话题。她不需要你来解决她的问题或者提出一个解决方案。有时候，你什么都不需要去做，只需要耐心地倾听，分享她的感受。

❷避免使用陈词滥调。为了帮助别人，我们经常会说这句话："多想想那些美好的时光！"如果我们所爱的一个人去世了，我们肯定是不喜欢别人对我们这样说的。有时，我们还没花时间去好好安慰她们时，这样的话就已脱口而出，而这可能会给她们造成伤害。如果你已经把话说出口了，也不要责备自己，要是你觉得这话引起了她的痛苦的回忆，那么道歉好了

❸谈论她的母亲。使用她母亲的名字意味着，在你的生活中，你认为她很重要，并继续保持对她的尊重。死亡并不意味着她的影响力消失了。询问她的母亲对宝宝将会有什么样的感觉（名字、生日聚会、第一次微笑等）。如果你觉得她的母亲会对她喂养宝宝的方式给予表扬，那么告诉她。和宝宝讨论她的母亲，以确保在对话中一提起她母亲的名字，宝宝就会感到亲切。

❹有时候沉默是金。让你的妻子倾诉悲伤的每个细节，那是不可能的。有时候她需要的仅仅是安静地坐着，或满怀悲伤地做一些像看照片的事。如果她不愿意和你交谈，不要勉强她，就陪她坐着一起看照片好了

❺不要设一个时间表。悲伤的开始和结束没有一个具体时间表，有时悲伤的

程度在减轻之前还可能加重。记住，仅仅过了几个月，就期待着悲伤结束，只会对每个人造成消极的影响。

⑥ 为她消除疑虑，她并没有疯狂。悲伤是正常的，但她确实出现了让我们意想不到的行为和情绪。要提醒她，她情感状态出现巨大波动只是她失去母亲的一种反映，它并不意味着感情失控。

⑦ 努力记住那些和她母亲有关的重要日子。要记住她母亲的生日和去世的日期。这些日子她可能比其他日子更情绪化，所以要问问她有什么需要去做的。有些妈妈更喜欢和孩子待在一起，而有些妈妈在那一天至少要抽出点时间去墓地或其他一些具有特别意义的地方。

⑧ 要知道每个人的悲伤都是不同的。如果你曾经为其他人悲伤过，那么你所体验到的悲伤，仅仅是针对那个人的，而且针对你生命中的某个特定时刻。因此，不要去想她的悲伤方式是"正确的"或"错误的"，她选择的悲伤方式，和你的，和其他人的，都无法进行比较。允许她以自己的方式去做这件事，要明白，尽管这对你来说可能没有什么意义，但对她来说是却意义重大。

⑨ 知道自己并不是无所不能。当她处于悲伤之中时，在早期我们还常常觉得能够为她提供许多帮助，但是悲伤的过程是漫长的，是纠结反复的，于是我们会慢慢变得失去热情，最后变得疲惫不堪。你也要花些精力来关心一下自己，她最不想看到的就是那个支持自己的人已然垮掉。

⑩ 帮助她去寻求帮助。让你的妻子以她自己独特的方式来应对悲伤。但如果这影响了她照顾自己和宝宝，那么要及时去寻求帮助，如果她不愿意自己去看医生，那么你要陪她一起去。

## 什么情况下你需要心理医生的帮助？

有一个非常大的误解，治愈丧亲之痛只能通过心理辅导。实际上，大多数人只是需要一些良好的外部支持，需要适当的时间去化解失去母亲所带来的悲伤。

话虽如此，但如果出现下面一些迹象，则表明你可能需要一些帮助。包括：

• 如果你不能起床，或只是想要连续几天睡觉。

• 如果你觉得没有你可以与之交谈的人，你完全是一个人面对自己所经历的一切。

• 如果你忽视了自己或家人，这常表现为吃饭做饭随意应付，或者觉得自己不能给自己或孩子洗澡（沐浴或盆浴）。

• 如果因为自己失去了母亲，你产生了任何不想活下去的想法（比如自杀的想法）。

• 如果你的情绪比较强烈，以至于没能力去做一个自己心目中的好母亲。

• 如果你正采用对身体有害的方式来应对自己的痛苦，如过量饮酒或以任何方式伤害自己。

如果这些症状符合你目前的情况，那么去找医生或儿童保健护理人士，让他们给你推荐一个当地的咨询师或心理医生，当然，这些人要擅长于帮助人应对悲伤。

如果你有任何自杀的念头，请立即拨打求助电话。

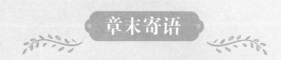

章末寄语

　　这一章是写给那些失去母亲的妈妈们的，从她们的故事和经历中，我感受到了她们的勇气、信任和希望，使我深受鼓舞。你们都是很特别的女人。

　　希望你能从怀中的宝宝身上寻找到慰藉，也希望那些你生命中支持你的人拥你入怀时，能给你带来勇气。希望你能永远感受到那份失去的母爱，也希望你能够明白，你已经被爱包围，那些人在你的身边，也在我的眼前，当然也包括我。

　　在许多好朋友和亲属的帮助下，我知道了自己该去成为一个什么样的母亲，我还运用自己所会的育儿方法把这个工作做得无可挑剔。我回想母亲是如何抚养我的，然后把她的那些办法用在了我孩子的身上——那些传承下来的东西是母亲的一部分，也是我的一部分，将来也是孩子们的一部分。我每天都想着妈妈，但即使没有她的指导，没有她的鼓励，我也能从容应对一切，所以我很少再去渴望得到那些东西。作为一个母亲，我对自己很满意，因为我知道，我现在的样子正如我母亲当年的样子，为此我感到幸福无比。

蒂芙妮 / 三个孩子的妈妈

第11章

伟大的单亲母亲

　　我一遍又一遍地问自己，如果有一个爱人来帮忙，我的生活一定会大不相同。我一直幻想，那种生活一定是 令人惊奇和完美的。

　　　　　　　　　　　　　　**匿名** / 一个人的妈妈

　　为单身而骄傲，因单身而坚强，因为孤独而变得愤怒，无论你对自己单身母亲的身份有何反应，你都可以放心地认为，在你身上有一股支撑你的力量。这种强大的女性力量可能推动你完成所有照顾宝宝的工作。

　　但你不是孤身一人，你会发现很多人都会为你提供帮助。没有一个母亲会去独自抚养孩子。越是艰难的时刻，就越会迸发出非凡的智慧，而苦难也会让你展现出内心强大的力量。你的孩子既是你最艰难的考验，也是你最引以为傲的奇迹。那些一直支持你的人，他们的不离不弃和深爱会让你相信，这个世界仍然充满着令人惊讶的喜悦和不可思议的奇迹。而且，大多数时间皆是如此。

## 单身母亲的数量有增无减

尽管有许多单亲母亲独自抚养孩子，但现状仍然让人颇感意外。今年在美国、澳大利亚和英国出生的孩子中，五分之一的孩子的妈妈都是单亲母亲。如果你看到这个数字，并不觉得有多惊讶，那么我们换一种说法：自从 1980 年以来，单身母亲的数量已增长了 80%，而面对单身母亲日益增长的现实，西方世界对此的认识和准备明显不够。

预计单亲家庭数量的上升趋势还将继续下去。事实上，在澳大利亚单亲家庭是增长最快的一种家庭类型，在 2006 年的人口普查中，有 823300 个单亲家庭被记录在案。澳大利亚政府预计，到 2026 年，这一数字将达到 120 万。

但也有一些媒体错误地宣称，真实状况和统计数据之间存在很大差异。不过，相关统计数据的大增使得那些政治家和保守人士倍感压力。事实上是，没有证据表明统计错误是单亲母亲数量增加的主要原因。虽然有些女性选择了去做单亲母亲，但仍然有很大比例的女性没有这样做。无论如何，选择做一个单身母亲是每个人的权利。

所以要知道，无论是哪种情况导致你在宝宝出生的第一年中，成为一个单亲妈妈，那些数字都不会说谎，你是这个庞大人群中的一分子。那些落后于时代的领导人们也都要抛弃那种过时的观念，单亲妈妈的问题只是这个社会的小麻烦。作为社会命运共同体，我们必须摒弃那种根深蒂固的观念：只要女人有了孩子，她就在各方面开始受到不公平的对待，如就业歧视等等。我们必须接受这样一个事实，那些单亲妈妈是我们这个社会不可或缺、重要、平等的一部分。

## 单身妈妈分娩时所面临的困惑

"我也想内心充满力量,但我开始有点动摇了,生孩子和我想象的完全不一样。"如果这就是你的感觉,那么你一定是一个愤愤不平的妈妈——无论我们是不是单亲妈妈,我们都会感到困惑,为什么想象中的分娩和现实的结局之间的差异是如此之大。

作为未来的单亲妈妈,你独特的人生旅程,会对你的分娩体验带来巨大影响,当你与其他母亲分享这些东西时,你会发现,自己所感受到的那些困惑要远远超过她们。

**最该陪伴人的却不在身边。**无论什么原因,死亡、离婚或不情愿的分手,生孩子时他的父亲不在场都会使分娩面临很多困难。一些好心人可能会来帮助你,但是当你大口喘气用力分娩时,你所看到的那些脸都不是自己所期待的那张,你的心情可想而知,一定是悲伤的。

**恐惧的感觉。**对于有些妈妈来说,如果是因为被性侵而有了孩子,或者曾受过丈夫的虐待,那么分娩的过程一定是一次痛苦的经历。从对往事痛苦的回忆到孩子的长相特点,这一切都会让你想起那些伤害过你的人,毫无疑问,你会感到恐惧、绝望,甚至还可能十分麻木。

**无法像别人那样为孩子庆生。**由于多种原因(感到悲伤、怕被人说三道四或受到创伤),有时单亲母亲们觉得不应该像其他人那样为孩子的出生去进行庆祝。

**受尽医院员工的白眼。**具有讽刺意味的是,受过教育的产科医护人员也会有这种愚蠢的错觉,如果女人怀孕时孩子没有爸爸,或者不选择把孩子打掉,那么女人就要负全部责任。

无论你的故事如何,无论你的经历怎样,没有什么可以否定这个事实,你创造了一个奇迹,任何生命都是一个奇迹,一个无法用语言表达的奇迹。你要记住:如果孩子的父亲选择离你们而去,那么他一定会在遗憾中孤独生活。你的孩子只需要你的陪伴,并赐予他你所有的爱。任何一个男人,他面对自己孩子的到来或存在选择了逃避,他都不值得你去想念。

如果孩子的父亲去世了,你要知道他不会——永远也不会——从你孩子的生活中消失于无形,因为你孩子的 DNA 中有 50% 永远是他的。

如果你孩子的某些身体特征像那个虐待成性的父亲,你要明白,外表不能承载

灵魂，而你养育孩子的方式，才会使得他们的心灵变得高贵和美丽。

　　你要明白，那些对你说三道四的医院医护人员，你和你的孩子不欠他们什么，没谁规定你们必须上门去看望他们，把他们从你的名单上划掉。从今天开始，只去考虑那些尊敬和信任你的人的意见。

　　你要知道，你应该像这个世界上任何一位新妈妈一样，高高兴兴地去为自己庆祝，这是你应得的，无须一点愧疚。不需要其他人来为你做出决定，庆祝什么时候开始或结束，因为是你自己创造了一个从来没有人实现过的奇迹。所以，好好庆祝吧——因为拥有一个小宝宝是最值得庆祝的事，其他任何事都无法与之相提并论。

## 单亲育儿之路充满艰辛

这个世界有种种的不公平，但单亲妈妈所面临的不公平却令人唏嘘不已。

**缺乏家庭内部的支持。**单亲妈妈有多累呢？你可以试一试看，每个晚上要起五次床，没有人替换你，你也没休息的机会，然后第二天还要集中精力照顾一整天孩子，同时手头还有不少要做的工作。对那些拥有丈夫的女性来说，即使他不喜欢照顾孩子，但至少他还在你身边，至少他能照顾宝宝半个小时，而你能利用这些难得的时间，去小睡，去买东西，去洗个澡。而当你独自抚养孩子时，即使白天有家人的支持或临时保姆照顾孩子，你的夜晚也会很难熬。

我太累了，所有的时间都在忙，感觉从来就没休息过。我不知道，我做了这样的选择，是不是就意味着我就永远地如此疲惫不堪下去。

**莉比** / 一个孩子的妈妈

**没人说话。**妈妈总是喜欢像每天报告新闻一样，向别人说起自己的孩子，"他翻了个身，他吐了两次"，但现在她却得不到任何反馈。每当她一个人自问自答时，她可能常会想，几句嘟嚷声总好过自己去沉默。经常和自己说话会让一个人变得很无聊，尤其是在宝宝出生 3 个月之后。所以，还是用正常的嗓音更好（不要用咕咕嘎嘎声，或高音），你可以抱怨一些小事，也可以庆祝一些事，基本上就像是和另一个人在交谈一样。

**经济状况差。**毫无疑问，单亲妈妈是我们这个社会中经济条件最差的一个群体。但让人无语的是，在这个世界上，她们过着最艰难的生活，却又做着最重要的工作（为社会培养下一代和那些大小领导者们应该是很重要的吧，不是吗？），然而却没有得到任何经济上的支持。如果没有另一半的收入，也没继承什么财富，仅靠政府的补助，妈妈们的生活很难得到保障。

**可以选择，但没有更好的选择。**当然，一个单身母亲可以决定她的宝宝姓什么，也可以选择她喜欢的育儿技巧和方式。但有些事却让她很难去做出更好的选择，住在哪里，在家待多久然后重新找工作，她的孩子去哪家幼儿园。以上这些事情，做怎样的选择，很大程度上取决于自身的经济条件。因此，她可能会生活在一个不太理想的地方或者选择与人合租，她重新找工作的时间比预想之中提前了，她也需要一个最经济的托幼方案。由于别无选择，就连购物时，她也得在那些打折促销的地方，选择一些最便宜的产品。

## 单亲妈妈容易出现哪些不良情绪?

作为一个单亲妈妈，在养育孩子时，你可能会出现各种不愉快的情绪，从痛苦到愤怒，从悲伤到孤独，有时候，这些情绪甚至会在几分钟里一起出现。尽管所有的母亲，不管个人情感关系状况如何，也不管其原因是什么，都可能体验过这些的情绪，但一些情况几乎只能在单身母亲身上出现。

当我们第三个孩子出生六个月后他离开了，他说他不能牺牲自己的幸福。现在我们有一个六岁和一个八岁的孩子，他们还在努力适应没有父亲的生活。我觉得我做的大部分事情都是令人欣慰的，也在努力地满足孩子们的需求。他留下我一个人，让我感到孤独，也伤害了我的自尊。他甚至连和孩子待在一起的兴趣都没有，上个月他看孩子时间总共不过三个小时，还是在圣诞节的时候。孩子感觉很幸福，为此我也感到高兴。

**莎拉** / 三个孩子的妈妈

**被排除在一些活动外**。你的女友们很喜欢你，你总是被她们邀请去喝咖啡。但是一碰到豪华盛宴，你的邀请函就出奇地少。她们的理由也各种各样，严肃一点的，"我们怕你会觉得尴尬"，幽默一点的，"我们怕你偷了我们的丈夫"。

**愤怒**。在你需要他帮助时他却弃你于不顾，他不愿做他的分内之事，他一点也不关心孩子，他的行为让你想要大喊大叫——而且你很可能真的会这么做。当愤怒的对象合适时，它是一种积极的情绪。它能赋予我们力量，去改变和掌控自己。但是如果孩子的爸爸选择了逃避，或者做出了一些令人反感的举动，那么你就找不到一个人可以让自己把怒气发泄在他身上。或者说，至少你找不到发泄怒气的合适对象。你不可能把怒气发泄在孩子身上，因为母亲强大的本能你不会去这么做。如果你偏要找个人去发泄，那个男人远在天边，你也只能对自己发发脾气了。不值得。

研究员兼作家温迪·勒布朗采访了一些单亲母亲，并在其一本名为《赤裸的母亲》的书中写道："她们对抛弃自己的男人感到愤怒，也愤怒于这个社会对她们的期待是如此之多，而给予的帮助和支持却又如此之少。一般情况下，她们之所以愤怒，并不是因为自己所承受的困难，而是因为这种困难毁掉了孩子的生活，剥夺了孩子的机会。"

**担心**。我一个人可以做到这些吗？我们能熬过去吗？我们的未来会怎样？对大多数母亲来说，"为人之母之旅"都充满了恐慌，对那些单身母亲就更是如此。另外一种担心就是，有一个孩子在身边会大大减少和男人交往的机会，害怕自己一生都会孤独下去。

**梦想的缺失**。我还没有听到任何一个小女孩幻想着成为一个单身母亲。这种想法是不会进入我们的大脑的。直到我们成年后，独自抚养孩子才成为一件二选一的事，我们想去做，或者我们不得不去做。但是，作为成年人，如果我们童年的梦想难以放手，我们可能就会陷入幻想，不去采取必要的步骤处理现实的问题。结果就是，我们应对危机的能力急剧下降。

我幻想着迈克手捧玫瑰出现在门口，说："没关系，我回来了。我真是一个白痴，我竟然放弃了你，我这辈子都要和你待在一起，成为一个最好的爸爸。"但这一切不会发生。我已经渐渐明白，他太自私了，从来不会对任何人做出承诺，可我还是希望自己是那个例外。

蒂娜 / 两个孩子的妈妈

**出现内疚感**。也许是你自己离开了他，也许是你把他赶了出去。或者一开始你觉得做个单身母亲就像在品味一块蛋糕，结果却发现更像是在啃一块水泥。也许你应该把他找回来？也许你应该原谅他？对大多数母亲来说，孩子出生后，这种内疚感就开始出现了，并且一直持续到死去。是坚持下去，还是回到丈夫那里，这对一个母亲来说是一个艰难的选择。你可能觉得，无论自己以何种方式回到丈夫那里，这都会是一个双输的局面，对孩子来说，他能得到一个父亲，可这父亲却是具有暴力倾向的人，对你而言，你可能会慢慢沉沦或再度受到伤害。或者你选择离开，那么你的孩子将再也不可能去真正了解他的父亲，你只能单独抚养孩子，慢慢地因疲惫而崩溃。

有时，我会质疑自己，选择了离开是否正确，也许和酗酒的丈夫生活在一起，比我独自一个要容易。但是我一再地提醒自己，我选择这么做是为了我的孩子布莱克。他不应该每天都受到他那酗酒父亲的影响。就这个事情，我已经质问自己很多遍了。现在我第一次明白了，为什么许多妈妈会选择离开她们的丈夫。

**罗威娜** / 一个孩子的妈妈

**孤独感**。奇怪的是，现在你们两个几乎是永远在一起了，你可能仍会觉得孤单，就好像你出去了一趟，然后又返回了一个空荡荡的房子。你会觉得，你的那些最好和最糟糕的时刻，是没有人能够与你真正地分享的。正如作家温迪·勒布朗所说："我不知道是否有这样的人，他没有经历过这种生活，却能去理解一个母亲的孤独，那种只有自己孩子陪伴在身边的孤独。"

**空前的责任**。孩子的睡眠规律出问题了，我的错，孩子得了尿布疹，也是我的错。我还能去怪谁呢？这意味着，那些比较重大的决断，如，"我该母乳喂养多长时间？"等所有的这些问题，无论大小都是我的责任，我要一一解决它们。许多单亲妈妈非常清楚地意识到，尽管有很多好心的朋友、家庭和医生支持她的那些重大决定，对育儿方式的选择，最终还得由自己下决定。就像一个妈妈说过的那样："我只是想那些帮助我的人告诉我该怎么做，而我要对每一个可能改变我一生的决定负责。我感觉自己的头好像要爆炸了。"

## 做单亲妈妈积极的一面

做单亲妈妈不是你的错，但更重要的是，不要因此而消极自卑无所作为。做母亲很难，而做一个单亲妈妈则可能会更难，但它也会让人感到惊奇。所以，既然那些困难的事情都说过了，现在我们就用点时间来说说它积极的一方面。

**我可以自己做决定。**的确是这样，没有争吵，无须大发雷霆，没有来自不同的世界的七嘴八舌。除非孩子的父亲插上翅膀飞过来对你指手画脚，大多数情况下是你在做决定，如何去抚养自己的孩子——从母乳喂养，到亲密育儿法、婴幼儿游泳，再到包皮环割，最后到引入固体食物。

**无须妥协。**你的女友养了一段时间孩子想返回从前的工作，但是她的爱人觉得这太快了。后来他们做出了妥协，她将在下个月而不是这个月重返工作。这种事在你的世界，绝不会发生。虽然生活中的很多压力会迫使你做出自己不情愿的决定，但这种压力绝不是你的旧爱施加的。你可以按自己的方式去做。

虽然我们收入一般，但从此也无须在丈夫面前看他脸色行事。现实就是这个样子的，一旦没有自己的收入，许多妈妈在丈夫眼里就成了低人一等的角色。而你不会这样，尽管你的经济压力比很多人大，但至少你的钱 100% 都属于你自己。

**我不需要忍受那些无法忍受的事。**什么身体暴力和精神控制，这些都将离你而去。如果你是因为他的伤害性或辱骂性的行为而离开的，那么现在你可以安心地享受自己的那份宁静。如果你正在寻找新的恋情，那么你的条件就是这个人绝不要有什么恶习。你要为自己做出这种决定而感谢你自己，因为你孩子的心理健康从此就不会受到伤害。

**我可以去选择一个喜欢我孩子的人。**许多妈妈在结婚时都有一个幻想，一旦孩子出生了，他们的爱人会如何精心地照顾他，可现实却让人大跌眼镜。如果你觉得某个人可以发展成情郎，但他却对你孩子不感兴趣，也不想付出努力，或者瞧不起你的孩子，那么你们两个人还是算了吧。不要为了想要一个家庭，就放弃一些基本原则。和他说再见，然后去为挑下一个人做准备吧。

每天（或每小时）都可以提醒自己，我做着一件世界上最困难的是……但我成功了。没有社会铺天盖地的支持，也很少有人去寻找最美的单亲妈妈，为你点赞，只有少数人真正理解你，明白你价值所在，但你还是做到了这一切。所以，你应为自己骄傲。

## 让孩子的爸爸参与育儿工作

一个人育儿是很艰难的。尽管孩子有一个看起来收入不错的爸爸，但如果这个父亲狡猾难缠，你的日子也会相当艰难。如果你的前任不是很完美，那么你要庆幸他只是你的前任。没有他，你的生活毫无疑问会有一些头痛之事，但是有了他，你可能会陷入天天头痛发疯的境地。坦白地说，一个轻视你、不可靠的人是配不上你的。尽管你现在独立了，接受了自己的过去，也坚持着你的立场。但这还不够，你应该得到更好的，你的宝宝也应该得到更好的。

那么，这是否意味着你可以让他从你的生活中彻底消失？很不幸（对你来说），你不能。因为尽管他可能不太关注你的宝宝，对自己精子提供者的身份也不以为然，但你的孩子永远都无法与他切断关系。当你孩子长大后，如果情况好转了，不管是出于什么感情，对他的父亲是抱有幻想或者是怀着一股孩子气，他都至少有机会去认识他的父亲。作为人类，我们天生就想要去了解自己的父母，我还没见过哪个孩子不是这样。

研究也支持这一观点。很明显，不考虑经济或文化因素，父亲与孩子建立起积极的联系，其好处是多方面的，包括更好的适应能力、面对风险和自身不足时更好的恢复能力。

还有证据表明，当爸爸们能够在宝宝的生活中经常出现时（也就是说，我们并不因为不喜欢他就不再往来了），激素和大脑发生的变化会进一步提升他参与育儿工作的持续热情和合作能力。

因此，除非孩子的父亲行为具有危害性，人们普遍认为父母双方一起参与育儿工作，会让孩子受益。在专业领域，我们称之为共同养育。为此，你和孩子的爸爸要做到如下几点：

——努力达成共识，我们的孩子是谁，以及他的需求是什么。

——对双方抚养宝宝所做贡献的重要性要给予肯定。

——认识到双方不同性别的差异，会使两个人在抚养孩子时具有不同想法、感受和行为。

——以孩子的需求（而不是我们自己的）来决定矛盾如何解决。

——当孩子表现不佳时，两人携手共同合作，互相支持。

如果在这个过程中，你出现了愤怒或失望的情绪，就要多从孩子的角度去看问题，谨防自己出现"守门员"倾向（阻止父亲接触孩子），或者对他冷言相向。

### 孩子父亲探视孩子时，你该做些什么？

我是应该让他每周见一次，还是每天见一次孩子呢？如果他想和孩子待在一起过夜，我该怎么说呢？要想对这些问题做出准确的回答，仅仅了解适当的接触有利于发展良好的父子关系，以及什么对婴儿最好，是远远不够的。

尽管一些相当出色的研究人员做出了巨大的努力，但他们仍然无法提出一个量化的解决方案。实际上，这是可以理解的，因为就像任何人际关系一样，它的状况取决于相互影响的诸多因素，包括健康、个性、以前的经历、态度和当前的压力等。

科研人员做过几次研究，在孩子出生后的前几年里，对父亲接触孩子进行了严格的规定。你可能会发现一些证据表明，两岁以下的孩子和二到三岁的孩子一整晚都离开他们最主要的照顾者，或者让四岁以下的孩子由两个人照料，都可能对孩子产生不利影响。

但这种研究方法也不乏批评者。实际上，对什么婴儿才是必需的，研究人员能真正达成共识的只有如下几点，它们是：

• 来自父母二人的高度热情和响应；

• 父母之间高水平的沟通与合作；

• 父母之间的敌意程度较低，尤其是在孩子的面前；

• 护理安排的连续性和一致性，并且孩子的日常生活要有规律，且孩子在一段时间内不离开任何一个父亲或母亲。

如果你想对孩子和他的父亲是否进行见面做一些决定，并且做出见面安排，那么你的指导原则是这样的：孩子越小，接触就应越频繁。

对于小婴儿，目标是在短时间内接触，每隔几天接触几小时，他在的时候，你可以做一些这样的事情，看孩子睡觉、母乳喂养、奶瓶喂养。当你的宝宝越来越大时，在时间上做些延长。

这样做也许会给你带来一些麻烦，但只要父亲能对孩子产生有利的影响，这一切都是值得的。

不过要记住，婴儿在8个月左右的时候，他对依恋对象（即你）的依恋程度加深，所以他的分离反应也会变得比较强烈。这意味着：每个人都可以被孩子拒绝！外婆（他们每周见四次）、保姆（他们每周见两次）和他居住在一起的爸爸，每个人想接近他时，他都会抗议。显而易见，对一个不和他居住在一起的父亲，他的抗议只多不少。但这并不意味着孩子不喜欢他或者不想和他在一起。他们将不断适应。如果有足够多的机会让双方建立关系，那么通常情况下这种分离焦虑时间不会很长，一旦你离开，安抚起孩子来也很容易。

不过，我们还需要帮助他们。你对孩子父亲和他接触的态度将会影响到孩子对父亲的接受时间。所以尽管你内心讨厌那个男人，但外表上还要装得很热情，这么做是对你的孩子好。如果爸爸对孩子的焦虑很敏感，那么宝宝接受他的时间也比较快。爸爸的安慰和拥抱会对孩子有明显的帮助。

我很清楚，让你与自己珍爱的宝宝分开，并把他交给一个男人去照顾，而且这个男人在你眼里分文不值，你一定会觉得这样做很难，它给你带来的冲击将会如同海啸一般。

我知道他照顾孩子的能力不错，但我还是很难把自己的孩子交给他。我本能地保护我的孩子。在他离开的最初几个月里，所有艰难困苦的事都由我一个人承担。他的新女友也在那里，我觉得这是在我的伤口上撒盐，她什么都没做，凭什么和我的孩子玩得那么高兴。我真想把她撕碎了。

**匿名** / 三个孩子的妈妈

## 怎样让单亲生活变得富有激情?

一个单身母亲只有两个选择，把生命浪费在后悔和感觉麻木中，因为她没有一个男人可依附，或者她振作起来，显示出自己的力量。

作者未知

不管你与丈夫的关系是分是合，本书第3章中的许多建议可以帮新妈妈们解决一些问题。对于单亲妈妈，这里在做一些重要的补充，以使育儿工作变得更加容易。

### 了解你的权利

现在不是你安静思考自己应该得到什么的时候，而是要付诸行动。有许多服务机构可以帮你去做这些令人头痛的事，可以向它们咨询你可以获取哪些经济上、社会上和具体的帮助。

### 建立自己的支援团

"养育一个孩子需要一个村庄"这句老话值得单亲妈妈去注意，它的意思是，养育孩子不是一个人的事，而是一个团队的事。女人养育一个孩子总是能获得别人的帮助，无论是来自家庭、朋友、热情的阿姨、志愿服务者或一些付费服务。如果你发现自己与社会越来越脱节，你可以加入一些网络社区。一个缺少支持的女性会将自己和孩子置于危险之中。

### 选择能给你带来帮助的朋友

接近那些支持你的人，远离那些冒失鬼、唱衰者和晒幸福的人。有时候，你会发现，世界各地的妈妈们都愿意与你分享彼此的兴趣爱好，而且如果你和当地的某些单亲妈妈结为好友，彼此之间将会更有同感。

我讨厌那些有丈夫的女人，听见她们发牢骚我就受不了，有些话忍不住就想脱口而出："这些事你就不能自己做吗！"但是我还是忍住了。还是和我的那些单亲妈妈朋友出去玩，让人更放松。因为她们懂我。

**克丽** / 两个孩子的妈妈

我无法直面那些母亲同事。每个人的时间安排都是围着自己的丈夫转，总是下午4:30下班回家,然后准备晚餐。和她们在一起,超过了一定的时间,她们立马走人,绝不会多待一会,更别说周末出来了,因为那是她们的家庭时间。某些日子,我会想是不是她们丈夫不在身边时才想起我,我成了一个临时的陪听者,供她们消遣。所以,我愿意和单亲妈妈交往,觉得自己得到了更多的支持和重视。

**亚尼内** / 一个孩子的妈妈

### 寻求男性的支持

不管什么原因,孩子的父亲没有和你们生活在一起,因此要重点考虑男性对孩子的影响这件事。研究清楚表明,婴儿虽然不需要父母同时抚养也能健康成长,但男女互补的培养方式会让孩子受益良多。理查德·鲍尔比提出了一种观点,通常有两种主要的依恋对象,它们具有两种互补和必要的功能,一种提供爱与安全感,另一种提供刺激和挑战的体验。母亲们在养育子女时,往往会采用更为舒缓、谨慎的方式,而男性则倾向于培养孩子的自我意识,而这往往会形成喜爱游戏与冒险的性格。身边有一个这样的男人就意味着有一个互补的角色,这会对宝宝产生积极的影响。

### 帮助孩子养成良好的生活习惯

在宝宝博客和家庭论坛里,婴幼儿习惯养成是一个热门话题。如果你敢在群里炫耀自家的宝宝表现很优异,那么群里妈妈的血压一定会高得爆表。本书第2章对这个问题有过专门论述,可以翻看。但是对于单身母亲,我更倾向于认为,一个更好的婴儿生活习惯为自己带来的好处更是数不胜数。这样,我们应该去做什么事都变得具有预测性(对母亲和来说都是如此),简而言之,它让我们对生活有了一种把握,而不是让它变得混乱不堪。它也会让我们的前任清楚地知道孩子睡觉和哺乳的时间,这样他就明白什么时间该来,而不至于傻傻地站在门外。

### 节约时间

听说过网上购物吗?了解送药上门吗?做一次饭够吃几顿,然后冷藏起来吃几天,怎么样?一个忙碌的单身母亲需要在节省时间这件事上变得聪明。

### 选择做孩子的母亲,而不是孩子的朋友

"什么,我还会有其他选择吗?"你也许会问,不过经验告诉我,许多单身母亲都想成为孩子最好的朋友、派对伙伴和最亲密的知己。"那还得等几年吧,孩子

还这么小？"你说。事实上，建立母子间的亲密关系可以很早就开始，如孩子还很小时，就可以通过合睡这种形式来进行，具体可参见本书第2章。不过要记住，作为单亲母亲，在孤独的夜晚，我们需要另一个人在自己身边，但这会让我们养成和孩子合睡的习惯，而这种习惯只是对我们有帮助，而不是对孩子有帮助。且不说与孩子同睡一床有着不可克服的安全风险，仅考虑这种合睡是为了满足我们而不是孩子心理的需要，我就可以断言它能引发一些问题，如果不是现在，那么就是以后。

**照顾好自己**

照顾我？我有那么重要吗？谁来照顾我？实际上，只有我们照顾好自己，我们才有精力去照顾别人，尤其是这种照顾是长期的。没有必要在宝宝三个月大的时候，就把自己的精力消耗殆尽。这种育儿之旅需要的是像肯尼亚马拉松选手的耐力，而不是短跑选手的短暂爆发力。可以翻阅本书第3章的那些练习，做完它们，让你的育儿之旅能走出无限远的距离。

她必须有四条胳膊、四条腿、两颗心和双倍的爱，凭什么说一个单身母亲就是单身的？

曼迪·黑尔 / 作家

**不做超级妈妈**

许多单亲妈妈都玩笑说，仅凭这一点——她们是单身而且还单身得很成功，就可以让她们毫无争议地成为一个超级英雄的候选人。我只是部分同意这个观点。如果她是那种超级英雄，不十分完美，盔甲上沾满了孩子的呕吐物，我认同，否则，那个超级英雄的名号还是不要更好。不要做那种育儿完美主义者，给自己施加无谓的压力，现在还不是那个时候，你要面对现实。你要告诉自己，你每天都做得最好。如果这种最好是堆了一水池的待洗餐具，一屋子的没去擦的地板，并为妈妈们的集体聚会买些纸杯蛋糕，那么你就为自己庆祝把，这说明你既乐观向上，同时又冷静地面对了现实。养育孩子不是为了同其他人比拼得分，除了你，没有人会去算你早晨叠了几床被，中午又洗了多少堆衣服。你要为其他的妈妈（无论她单身与否）定下一个基调，不要去比来比去，因为追求完美育儿的父母们并不会就此养出一个零缺点的孩子。

**控制你的愤怒，与自己过去和解**

我听见你哭了，"我不能停止愤怒，我的前夫毁了我的生活！"对你这个看法，我可以仅仅略表同意吗？他可能是形形色色男人中那种白痴类型的人，让你的生活变得如此艰难，但除非他每天 24 小时不停地在你家门前晃荡企图威胁你的生命，那么扰乱你生活的人更可能是你自己。思考一下，当你喂孩子看着他天使般的脸时，你会把注意力集中在这个田园诗般的场景上，还是去回想自己与前夫的一次次争吵？当你在疲惫的一天结束后躺下时，你是把自己想象成为一个励志的妈妈，从孩子身上获取了无数的能量，还是再一次去回味你的前夫什么时候对你许下了诺言，又发过了什么誓言？

要记住，你的大脑是你的，只有你自己才能决定该去想什么。所以，如果他让你怒火中烧时，你就要想一想，无论你在哪里他都不在你身边时，你为什么要想他？为什么你总去想那些让自己悲伤或愤怒的场景呢？相反，只有在需要他时你才想起他——也许是对他看望孩子做些决定，或者对孩子的抚养费提出异议，然后就不要让他在你脑海出现。你要关注那些能激励你的东西，去想那些与幸福、爱、欢笑，以及尊重你的那些人有关的事情。

一扇幸福之门关上时，另一扇幸福之门就会打开，只是我们常常紧盯那扇已关上太久的门，以至于我们无法看到那扇为我们敞开的门。

海伦·凯勒

**向内疚告别**

尽管你能做到向内疚告别，但请记住，内疚感对我们是有帮助的。它能让我们意识到自己做错了什么，然后进行补救，避免重蹈覆辙。作为母亲，我们在这个问题上容易产生迷惑。当我们无力控制一切时，我们会产生内疚感，而当一切尽在掌握时，我们犯了什么错，却一点内疚感都没有。因此，如果你花在孩子身上的时间不如期望中多，你一定会深深地内疚，这时你可以问问自己——我已经尽了最大的努力吗？今天要做的事都做了吗？我疲惫到了什么程度？你对孩子唯一的义务就是尽自己所能。意思就是说，只要你尽力了，即使有些事你做不到，也不必过于内疚。

### 埋葬你所有的嫉妒

嫉妒是一种诅咒，而且被诅咒的那个人是你。有些女人，她们有着亲力亲为的丈夫，有着十全十美的老公，你很难不去嫉妒她，希望她的生活变得比自己的还糟糕。她们也许真的会变成这样，而且说不定马上就这样，然而这又和你有什么关系呢。想想你自己，世界上会有成千上万的母亲给你带来帮助。安全温暖的家，健康可爱的宝宝，可以获得医疗保健，没有家庭内战，这一切已经足够了。

再想一想，当你拿自己和这些完美无瑕的梦幻伴侣相比时，你可能只是看到她一生的某一段时间，而有些东西你却有意或无意视而不见——10 年才怀上孩子的挣扎，悲伤于她的母亲没来得及看上宝宝一眼，她小时候曾被虐待。控制嫉妒之心并不是一件容易的事，但如果你能专注于自己所拥有的，而不是自己没有的，那么你可能会发现许多美好的事物都被你在无意间忽略了。

### 提前做出安全预案

你有没有在午夜时分经历过这些让人发疯的场景？你的宝宝发着39℃的高烧，你手边又没有退烧药。或者你自己生病了，怕传染宝宝而不敢接近他。

当家里没有其他成年人提供帮助时，为应对这些紧急情况提前进行计划是的必不可少的。所以，要熟悉自己所住区域的医疗服务机构，或者联系一些可以到家里来的医生或药剂师。当然，这免不了要花很多钱，但从长远来看是值得的。你还需要一份紧急联系人名单，那些你的朋友和家人，他们愿意随叫随到地来帮助你。

### 共享育儿

不要固守过时和传统的儿童照顾模式，从而错过了一些可能的帮助。现在已不是 18 世纪了，21 世纪的单亲妈妈们已作为一种不可逆转的现象而存在。所以，要把事情交给你自己办，和一些朋友合作——互通有无，彼此交换，共享育儿。看看下面哪些情况适合你：

互换某一天——我在周二代为照顾你的孩子，你在周三代为照顾我的。

互换每个时段——你去健身房时，我照料孩子们，然后彼此互换，我去健身，你来照料孩子们。

房屋分享——在你的家里给一个教育系的学生或保育员提供一个房间，让她们照顾你的孩子以换取租金。

互换服务——如果你帮我照看孩子，我将免费帮你打理头发（或任何专业服务）。

分担工作——你在周一周二上班，我照顾孩子，然后我在周三周五上班，而你照看孩子。

**设定现实的目标**

单身母亲也有追求各种梦想的权利，而且是大的梦想。大学学位，重返工作岗位，更大的房子，一个有把握的未来，和理想的爱人共度一生，这些都是可能的。但如果你不一步一步地使它成为现实，每个梦想都只是一个梦想。所以，拿出一张纸，把它画成三列，在每一列上面写上标题："今天""一个月""一年"。然后开始写下你的想法，你需要确保你的目标是可实现的，并且这些目标也应该是相互关联的（也就是说，就某个方面，你"今天"的目标是你"一个月""一年"目标的一个步骤，否则你就无法实现它）。但是，记住两个重要的因素：

你的宝宝越小，你就越难制定一个长期计划。因为在这个阶段，你能完成每天最基本的工作，本身就已经是一项了不起的成就。如果你在计数宝宝年龄时，还是在数周数而不是数月数，那么这个阶段你制定一个长期计划的上限是一个月，一直到你熟悉了宝宝的各种情况。记住要制定现实的目标，这一点很重要，比如要实现哪些目标会占自己的大量时间。

**主动改变自己的生活**

你还在等什么？你在等谁？你是否陷入了"只有当……时候，我才去做"的怪圈？当我们因为等待某人或某事发生改变而停留在原地时，对处于这种困境负责的只能是我们自己。在一天结束的时候，如果每个人都能按照我们的想法去改变，那就很好了，但我们唯一能控制的就是我们自己。因此，选出最能激励你的前五个人，然后去做第13章的房子与花园的练习。看看今天自己都想做什么事？这些事是否体现出了你的梦想，去成为自己想成为的人，去做的自己想做的事？

**不要苛求责备自己**

你是否发现自己常对自己说，"这个我做不到"？你是否注意过自己有这样的想法，"我又搞砸了"或"我真是一个白痴"，而且它们重复出现。花点时间去注意一下，看看这些话是否对你处理目前的困境真的有所帮助。我们如何与自己交谈，对我们处理所面临问题的能力，以及我们如何看待自己，都有着巨大影响。对你和你的宝宝来说，处理掉这些有害的想法是很必要的。可以翻阅本书第3章，对自己辱骂自己的行为坚决说不，否则，你的理智就会一片混乱。

### 坚信自己的判断

很有可能，做出结束一段关系或独自抚养孩子的决定并不容易。毫无疑问，在没有很多人支持你的情况下，你做出这种决定时，一定是经过了很多思考和内心的争论——生活就是要根据你当时的情况，在任何特定时刻做出最好的决定，而且坚信这个决定。这就是我们对自己的期望。因此，要提醒自己，既然你已经做出了决定，那它就是最好的决定。然后，根据你目前的情况，鼓励自己在今天的决定中做同样的事情。

### 把玩放在首要位置

孩子们可以通过玩耍获得几乎所有的社交、发展和情感方面的学习需求。躲猫猫、吹嘘声、抓手机（悬挂的手机）等游戏对宝宝来说非常重要（可参见第5章）。但玩也是成年人生活的重要一部分，对促进母子关系非常重要。

### 不拒绝悲伤

虽然让你成为单亲妈妈的原因可能有很多，但其中的一些原因一定会让你产生某种失落感，如一个你深爱的人死亡，与爱人离婚，某种关系疏远，失去梦想等。悲伤是对现实中的痛苦的一种有益反应，因此为了你孩子着想，你无须去拒绝悲伤。但这并不意味着让你去陷入无止境的悲伤中，也不意味着悲伤有一天会结束。它意味着你要按照自己的方式和步调去化解因错失那些东西而带来的悲伤，然后在没有悲伤的日子里度过每一天。

### 让榜样激励自己

在许多未知领域，我们往往不知道自己该去做什么，而一个榜样式的人物，会让我们在行动时有了一个可遵循的样板。如果我们以前没有去过某个地方，或者做过某件事，那么我们该怎么办呢？一个榜样会为我们指明行动的方向。榜样也能在最艰难的日子里激励我们，因为我们知道了其他人在困难时期同样爆发了反弹的力量。所以，你要记住那些能激励你的人，她可以是一个单身妈妈，也可以是一个名人，也可以是一个普通的母亲，要记住在生活中你要从那些人身上学到什么，以及你今天该如何开始。

### 放弃坏习惯

很多人都习惯为自己寻找借口，但最让人感到困惑的一个借口是为自己的坏习惯进行辩解，其理由竟然是我一直就这样做。如果你的孩子长大后，他对你说，"操场上的那些孩子已经欺负我很多年了，我都忍受了，所以我还要继续忍受下去"。听到这话，你能想象出自己该是何种表情吗？如果一个习惯是坏的，不能给你带来健康或心理安慰，那就放弃它，诸如不爱锻炼，与家人争吵，开始吸烟或饮酒。抛弃"我一直这样做"这个借口，拥抱"我只做对孩子和我有益的事"这个信念。

### 放手告别过去的感情

的确，爱神丘比特有一种不可思议的幽默感。我们爱上一个人，即使知道他有一身的臭毛病，我们还是觉得他很好。我们时刻在他身边，或者想和他在一起，即使两人的关系是苦涩的、扭曲的、疼痛的、伤害性的、受辱骂的、蔑视的，有时还是痴心妄想的，但这一切都没有关系，因为我们爱他。我想，你也可能是这个样子。但是作为一个成年人，你要听从自己内心的安排，用自己头脑去判断这是否是一个明智的选择。如果你还是无法割舍他，就要尝试进行心理治疗，或听一些爱情讲座。即使你清楚你还会永远爱着你的前任，也要冷静下来理智地思考，你们这段关系是时候结束了。

### 骄傲地庆祝自己所取得的成就

在所有的行为中，也许它是最重要的。当你独自与孩子生活时，在最艰难的时刻，没有什么其他大人物躲在窗帘背后，时刻准备着跳出轻拍你的后背，给你安慰或帮助，或者教孩子他爱玩的小把戏。你知道自己完成了一项怎样的工作，你也知道这项工作会使人心生敬意，而且你一定要为自己所取得的成就而骄傲。

## Top 10

# 我应该对孩子做出的承诺

Promises I make to
my baby

❶ 我会有意识地，而且只会把那些富有同情心和责任心的人带到我们生活中。

❷ 我将支持你和那些关心你并具有责任心的人建立关系（即使我不选择与这些人建立关系）。

❸ 我会爱你的一切，优点或者不足，但我也会坚持自己的原则，规范你的行为举止，把你培养成为一个关心他人、勇于负责的人。

❹ 我会记住我的身份，是你的妈妈，而不是你的朋友。当然，我们会很亲密，但在你的一生中，还会有很多的亲密朋友，可你只有一个妈妈。

❺ 我会记住，成年人所遇到各种问题，只能去寻求成年朋友的各种帮助。你是我的孩子，不是我的知心女友，也不是我的咨询师，更不是我哭泣时的安慰者。

❻ 在需要的时候，我会寻求帮助，以确保我能控制全局。

❼ 我会照顾好自己的身体、调控好自己的心理，我也希望你像妈妈一样。

❽ 我会努力让你知道，有些人是善良仁慈的，并帮助你与这些人建立良好的关系。

❾ 我承认你是我的孩子，但不是我的财产。你有你自己的观点和想法，我会鼓励你做真正的自己。

❿ 我们将努力迎接各种挑战，一起面对逆境。我对你的爱让我拥有了无比的勇气和决心。

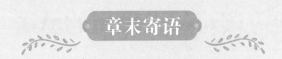

章末寄语

　　做一个单亲妈妈是困难的，事实上，在世界上最艰难的工作中，它一定会榜上有名。但对妈妈的赞美之词却微弱得像是在说悄悄话，那些政客、相关机构和普普通通的权力拥有者，对此连一句话都懒得说。如果不是因为我们对孩子特别的爱，完成这项工作很可能会被认为是几乎不可能的。这个世界上，那些自认为是 VIP 的许多大人物都不会去选择这么做，当然，他们也未必能做到。

　　所以，召唤你的支持者们——那些真正懂得你的人。而那些对你抱有各种偏见的人，你要通通把他们抛诸脑后，连同他们的偏见。

　　要记住，生命只有一次，成为你自己的机会也只有一次。这个世界上的所有高大之人，所有骄傲之事，你都可以与之并驾齐驱。你要为自己感到自豪。

　　我是一个女人，我是坚强的，我就是我。我的宝贝给予我精神力量，是我乐观面对这个世界的理由，是我为之奋斗的目标——让一切变得更好。我是他的生命线，是他的人生指南。只要我们在一起，我们就无比强大。

　　　　　　　　　　　　　　　　　　　　　　　　琼 / 一个孩子的妈妈

第12章

破除重重障碍，
重返职场

　　如果女人是健康的、受过教育的，那么她们的家庭就会充满生机。如果女人摆脱了暴力，那么她们的家庭就会充满欢乐。如果女人有机会参与工作，赚的钱像丈夫一样多，那么她们的家庭就会充满希望。

**希拉里·克林顿**／一位孩子的妈妈

## 在孩子多大时重返工作呢?

西方发达国家的一些研究表明:孩子不到一个月时,大约 2% 的母亲将会重返工作,3 个月大时,是 11%,6 个月大时,是 22%,12 个月大时又翻了一番,达到 44%,到 18 个月大就达到了 54%。

## 如何让丈夫更多地参与家务?

*不要用爱和吻来浇灌我,只要说:"我来洗碗。"*

作者未知

重新开始工作后,我们充满了热情,我们打算要为此庆祝一番,环顾四周却发现,水池里还堆满餐具,两大堆要洗的衣服,房间里也是又脏又乱。

的确,你会发现自己重返工作后,仍然还要承担大部分家务,这才是你的生活常态。

全职妈妈每天花在家务上的时间将近 2 小时,而全职爸爸仅仅是 1 小时 18 分。这看起来好像没什么大区别。但如果你按一周的时间来计算,那么你就要比爸爸多干上 4.9 小时,如果按一年来计算,那就将近是 6 周。

在另一项研究中,人们发现有几项比较费力难做的家务,如修剪草坪、美化庭院、洗车、汽车保养和缴纳个人税等,一般都是男人承担的活,但通常都被外包出去花钱让别人干了。男人们啊,真是让人无语。

此外,男人常承担的那些家务大部分都一个特点,干那个活都有一个明确的终点,即能干完,比如倒垃圾,垃圾一倒他的活就算干完了。而女人承担那些家务诸如照顾孩子、准备生日聚会、操办节日,此外还有做饭和打扫卫生等,说到这里,你可能猜出来了,这些活都没有一个明确的终点,要干起来那是没完没了。

哪里有生活,哪里便充满希望。如果想改变潮流,让自己的另一半高高兴兴地投身于家务,那么你可以走进客厅,悄悄贴近他,把这本书翻到这一页,然后丢在他身边,只要他看到下面的这行字,他一定会两眼发直,有了某些想法。

### 干家务可以提高性爱的频率

这可是男同胞们求之不得的事，那么，就请继续读下去吧。一个男人应该知道，自己远离家务不仅仅会让女人烦闷，而且还会让她性欲减退。事实证明，即便是男性简单地分担一下家务，那么他也可以从爱人那里得到更多的性生活和更令人兴奋的性激情。

男人们不要心急，也先不要现在就急着冲向水桶和拖把，还有更好的消息等着你。的确，因为我们之间爱的更多，我们更愿意长相厮守。多达62%的成年人说，分担家务对婚姻的成功是非常重要的，1/3的人则说，它提高了夫妻间的忠诚度和性生活的满意度。

此外，如果你足够幸运，家里的宝宝是个小女孩，那么你爱做家务的习惯就更重要了，相信它会更进一步激励你去抢着拖地板。2014年，一项发表在《心理科学》杂志上的研究表明，当父母两人分担的家务的份额越趋于一致时，他们女儿的职业抱负就越大。

### 制定一份家务清单

当然，现在还不是提前庆祝的时候。如果爸爸们真的希望梦想成真，那么你就要行动起来，最好把你需要做的家务列出一个清单。随着时间的推移，你能做的家务会更多，当然也不要忽略那些对你来说很陌生、几乎被认为是只有妈妈才能做的家务，如组织社会活动、照顾亲属、装扮房间、协调旅行安排、选择幼儿园、安排照顾孩子、孩子活动安排（婴儿游泳课）等。

要就此事和自己的爱人多交流，如果感到疲劳也需要向爱人解释。你们的目标是，就家务工作在你们二人之间的分配达成一个彼此互相支持、现实的协议。

## 如何安排好对孩子的照顾？

如果在照顾孩子方面，家人不能对你提供更多支持，那么你就寻求其他人的帮助。显然，托幼机构也是各有各的不同，如幼儿园、日托中心等。我的建议是，挑选这类机构时，要综合考虑照顾者的素质和托幼机构的地点。

**看看其他妈妈们有什么推荐。**许多人在决定怀孕之前就考虑过一旦自己重返工作，孩子将该怎么照顾。另外一些妈妈，则在进行母乳喂养时就开始考虑这个问题。如果你对自己朋友的育儿工作比较认可，那么她们为你推荐的幼儿园也很可能会对你的胃口。

就哪所幼儿园最好，我只是问了自己认识的所有其他母亲，并就此形成了一个选择名单。然后我在每个幼儿园待了一段时间，最终选择了一个我心目中最好的那个。

**朱莉** / 两个孩子的妈妈

**在把孩子送到幼儿园之前，花时间考察一下。**主要观察一下幼儿园的工作人员怎样处理哭闹的孩子，用餐环境是否脏乱差，如何应对意外事故以及日常活动怎么安排，然后你就知道自己的孩子将是被如何照顾的。

**做好随时改变照顾孩子方式的准备。**我们中的许多人更喜欢在宝宝最小的时候选择更个性化（也更贵）的一对一护理。所以，你可能想让一个保姆或家人单独照顾他，一直到他 12 个月大，然后在把他送到日托机构或家庭日托中心。如果你在很多方面都对日托机构照顾孩子的方式感到担忧，而且与工作人员的沟通并不能消除你的顾虑，那就还是选择离开吧。你对照顾自己孩子的人的信任是一个基础，否则你可能觉得每一天孩子和他待在一起，对你都是一种折磨。

**了解员工的流动率。**知道有多少员工离职有助于你去了解老板或管理者是如何对待员工的（对你的孩子也或许如此）。在满足宝宝的依恋需求方面，这一点也非常重要。不考虑宝宝的睡眠时间，员工和你宝宝在一起的时间和你与宝宝在一起的时间差不多，因此看护人需要稳定如一，而不是一个又一个陌生人不停地出现在你孩子面前。

确保该机构在过去几年达到了认证标准。这也意味着该机构在某些强制标准上已经达标，你也无须就此另行询问。它主要包括员工与孩子数量比、环境卫生、家具等方面的相关标准，以及员工培训标准。

不定期地顺便走访。这不是让你去做一个军事间谍类型的人，仅仅是为了让你到该幼儿园的时间变得不可预测。这样，你会对孩子一整天内的各个时间段都是怎样被照顾的有一个大概的了解。

### 如果舍不得把孩子送到幼儿园怎么办？

这点大家都明白，无论是你自己想重返工作，还是不得不重返工作，有时候把自己的宝贝交给别人照顾都不会让心里好受。

但你要记住，如果你已经找到一个或一群值得信赖的成年人来照顾自己的孩子，那么你已经走出了第一步，能让自己的孩子意识到有很多人喜欢他。同时，那些出色的人也可以从各方面影响你的孩子，如在行为、食物喜好、朋友、价值观和兴趣等方面。

如果你身边没有亲人，或者家人不想或没能力帮助你，那么把孩子送到幼儿园，在一段时期内，就相当于为孩子找到了一个外婆或奶奶，舅妈或姑妈。这样，当你需要找一个临时保姆时，就会变得容易很多，因为许多幼儿园的工作人员都会愿意帮你这个忙，比如当你想和爱人出去度过一个浪漫的夜晚，或者因为工作的需要你必须要离开家门。

要记住，你不能，也永远不能参与宝宝的每一件事。你和自己的宝宝都要明白，在你们的生活中，总有更多的人会欣欣然地参与其中。

## 如果孩子不愿离开妈妈怎么办？

这是一个人们熟悉的场景，在即将出门的那个时刻，你还在马马虎虎冲澡，给宝宝喂饭穿衣换尿布，收拾包包。然后你冲刺般地把宝宝送到照顾他的人那里，因为你清楚接下来自己必须马上要切换到另一种状态——去工作。

可是，当你把宝宝送到照顾他的人怀里时，突然间，一切反转了，他开始扭动着身子，发出了让人起了一身鸡皮疙瘩的尖叫，并且泪如雨下。你感觉像受到了一记重重的左勾拳，一种犯罪感瞬间击中了你。你会想"我怎么能这样丢下自己的孩子？"然后接下来的12个月里会是放弃工作还是留在家中进行反复的权衡。

我可以向你保证离开孩子是一种更好的选择。当宝宝哭闹不止时，并不意味着照顾他的人不喜欢他、不和蔼可亲、对他照顾不周、工作不出色。相反，它意味着宝宝会得到他们更好的照顾，他们会用话语和拥抱去安抚以消除他内心的恐惧。可以预想，在你离开五分钟后，他们就会逗笑你的孩子，孩子自己也会玩得很高兴。

要记住，当母亲们把自己的情绪水平升级到那种非常夸张的地步时，这只能让我们的孩子的感觉体验更糟。宝宝从你那里得到的信息是，那些照顾他的人，你对他们并不满意，你也不信任他们。当你焦虑时，或者为是否该留下而犹豫不决时，你实际上是在告诉孩子，你对那些照顾他的人持怀疑态度，他们是否足够好或足够被信任。这样怀疑就一步一步加深，螺旋式上升，让自己的情绪变得崩溃。

需要注意的是，在与孩子分手告别时，千万不要选择这样的方式，因为害怕他看见你离开而念念不忘，就假装到房间的其他地方去，然后偷偷走掉。当你这样做时，孩子因为看不到你，只会让他的焦虑感增加，让他觉得你抛弃了他（在家里时，他会更加黏着你）。

相反，与宝宝告别时，可以这样对他说："我知道，你不想让妈妈离开，不过妈妈知道，今天你一定能被照顾得很好，而且会玩得很高兴。"此时，要让你的宝宝看见你面对照顾他的人时是一脸微笑，并充满信任地与他挥手告别。

要记住，尽管你已经做得很棒，选择了一个最好、最用心的人来照顾孩子，但你离开宝宝时，仍然要把所有事情做好，以便让宝宝安心，不要让他还惦念着你。随着时间的推移，你的孩子会慢慢接受那些新认识的人，并对他们产生信任。他也会明白，尽管妈妈是这个世界上对他最好的人，但仍有其他人对他也很不错。

## 如果孩子生病了怎么办?

如何照顾患病的儿童是一个关乎女权主义的话题，为什么这么说呢? 因为现代社会仍然固守这样的观念，如果孩子因为患病而无法送到幼儿园或日托中心，那么孩子的母亲就要承担起照顾孩子的重任。如果我们害怕失去工作，而把生病的宝宝送到日托中心，那么社会不会对孩子的父亲评头论足，相反，孩子的母亲则会被认为是一个自私的、没心没肺的母亲。

不幸的是，宝宝患病似乎是家常便饭，它不是一年一次的，或者是偶然得之的问题。大多数在日托机构的孩子，他们的父母平均每年要去应对患病的宝宝 7 ~ 10 次。一些研究表明，妈妈们一年中平均有 3.5 天的时间用于请病假（或者去照顾病人），这些时间零零散散地弥补着照顾患儿时间的不足。爸爸们也会站出来，但他们的请病假的时间只是妈妈们的一半。

还没有一项研究去建议，在孩子患病时应把他送往幼儿园。我们要记住，我们必须在照顾患儿和正常上班之间进行二选一。如果我们感情用事，把患传染病的孩子送到幼儿园，那就意味着，幼儿园其他的 60 位孩子妈妈（取决于幼儿园的规模）也将面临和你一样的棘手局面。而且孩子生病时，幼儿园的环境对你的宝宝也十分不利。进一步说，生病的孩子总需要特别的照顾，而幼儿园也不可能对孩子进行一对一地照顾，这意味着你的宝宝将得不到高水平的护理。

那么，问题又该如何解决呢? 虽然办法不多，不过还是有的，希望你能牢记心中。

**你采取灵活的工作方式。**也许你可以请一天的假，然后在接下来的几周内，晚下一会班，补上这些时间。也许你可以换班。为了照顾患病的孩子，灵活的工作方式无疑是最好的选择。

**让你的爱人采取灵活的工作方式。**一般来说，那些工资最低的工作往往拥有最少的权利、福利和弹性。这种现实让人无语却又是真实的存在，而且你也能猜得到，从事这些工作的大多数是女性。在生活中，男人们就幸运很多，他们可能下班更早，可以在家工作，或者工作具有很大的弹性，因此由男人来照顾患病的宝宝再合适不过了。

**你可以花钱雇用别人。**只要愿意花钱就很少有办不到的事。如果你选择了这种比较昂贵的方式，在你付出一大笔钱的同时，我希望你也能在这段时间里赚上一大笔钱。毫无疑问，对我们的孩子来说，没有偷工减料的高质量护理，就应该值这么多钱。说来可能有点丢脸，你在这段时间赚的钱，很可能还不够支付这笔钱。

**请求你亲属的帮助。**尽管你的亲属没有参与照顾孩子，但某些家庭成员并不会介意有事时过来帮忙。我的建议是，你要提早告诉他们，说你打算把他们列入紧急情况求助者的名单。当然，如果他们对你照顾生病孩子的请求感到十分惊讶，那么这也会增加你们的家庭矛盾。

你能做的就是这些了。没有什么简单的方法，你也不要指望发生什么奇迹。不过，我希望你知道孩子生病时你不是一个人在孤军奋战，这一点会对你有所安慰。当然我也希望，社会能为我们做更多的事情，以支持那些需要兼顾工作和照顾孩子的父母们。

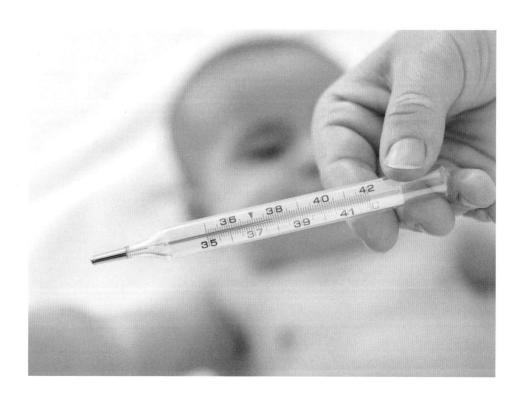

## 章末寄语

　　我想一开始就提醒你，你要为自己感到自豪。首先，你重返工作是天经地义的，其次，其他人也不该对此评头论足。不过，你要清楚，这件事也不是那么简单，因为你肩负的是照顾好孩子并让他快乐，连带着你的家庭、你的丈夫、你的收入和你的未来。

　　你要记住，工作的你拥有很多权利，如果你的老板不按套路出牌，那么你一定要按照相关程序去有关部门寻求帮助。继续教育你的丈夫，让他明白，如果他为完成家务事做出自己的贡献，他所获得的好处也将是言之不尽的。要用心选好照顾宝宝的那些日托机构，要和它们保持接触，信任它们并表现得镇静，更重要的是要保持理智。否则，你的无端猜疑会让自己步入恶性循环，陷入一种崩溃的境地。如果这样的话，你重返工作去挣钱，挣得再多也没什么意义。

第13章

我是谁？
寻找迷失的自我

有一位母亲曾经问我,在孩子出生后的第一年,我又是如何重新发现自我的。我只能说:"我不知道,我还在寻找中。"

**罗西** / 两个孩子的妈妈

你是否忘了自己是谁？你是否还觉得自己仍然存在？在孩子出生后头一年，许多妈妈都会考虑雇用一个私家侦探，去寻找自己丢失的思考、理解对话的能力，以及对自己的认知（你不知道自己是谁，你只知道自己是一个妈妈）。

对于那些知道自己是谁的人，你是否又喜欢现在的自己？或者对于那些青春期曾发誓成为一个新式母亲的人来说，你现在的样子是否是传统母亲的样子呢？你心里面传统母亲的形象是这样的，抱怨、哭泣、悲伤、极度焦虑、无聊、专横，更糟糕的是，还从不洗澡。但不管怎么说，这种低到尘埃的妈妈们，至少还算是个人，只不过她们的身份都被隐藏于一堆尿布和消毒设备之中。

实话说，不管我们是迷失了自己，还是发现自己与想象中有很大差距，这两种情形都不会让我们高兴。当然，这对我们的心理健康也没什么好处。基于此，我们要防止自己在行动上迷失了自我，也不要把自己异化成一个痛苦的妈妈。而这也是本章的写作目的。

对于我们是谁这个问题，我们几乎不会去有意识地想，而且通常把别人看得比自己更重要。也许，你对什么都不再感兴趣了，也没什么东西能让人高兴起来，或者说，除了想多睡一会觉，你已经别无所求。

那么，我们怎样才能改变这种情况呢？这当然需要我们去做出一些改变，并将自己置于优先的地位。多做下面的几项练习可以很好地帮助你，它们都是我在工作中总结出来的，至少能让那些妈妈们记住自己的名字。

## 练习 1：重新确立身边人的重要性

### 步骤 1：划定自己的人际关系圈

想象一下自己把一颗卵石扔进了池塘。然后比较一下，自己睡眠良好、情绪饱满时与工作疲倦之后分别做这个动作，哪一种情况下涟漪会传得更远。答案很明显。

同样，我们的人际关系也像一个池塘——在生活中，我们表现自己时越积极，就会波及更多的人。这是一个好消息。如果你想给自己关心或深爱的人更多的支持，那么你对自己就更应该如此。

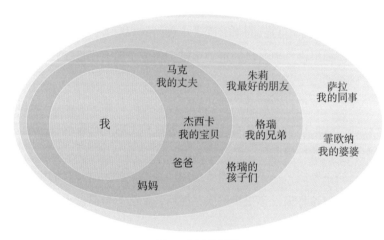

图 6：人际关系圈

### 案例

图 6 中这些圆圈中所写出的自己关心和深爱之人的名字，来自于一个名叫凯西的母亲，她是我工作时遇到的病人。当我们做这个练习时，她很快意识到，尽管萨拉（她的同事）应该处于外层的圆圈，但相比于她最好的朋友（位于靠近内层的圆圈），凯西还是第一时间想到了她，仅仅因为多年来两个人一见面就聊个不停。

她心里也清楚，她每天要和自己的婆婆（她位于外层的圆圈）打 30 分钟的电话，仅仅是因为她觉得这是一种义务，她甚至想把这宝贵的精力（可以做很多事情，而不是打电话）用在自己的丈夫和家庭上（最内层的圆圈内）。她也很快就明白了，为什么自己没干什么活就感觉如此疲惫，而且内疚感也是不断增多，因为她觉得自己没有精力去照顾最亲近的人。

### 步骤2：按照重要性依次写出人的名字

想象一下，池塘中的每一层涟漪分别代表着不同的重要等级。对你来说，最重要的人占据着最重要的位置——最内层的圆圈，然后越往外层，你添写名字的那个人的重要性越来越低。看看上面的例子，然后画出你自己的圈子来。

### 步骤3：审视一下自己精力是否用错了地方

是否你的主要精力用于了自己的VIP圈子（最内的两层），或者你的精力被误用在了外层圈子上？如果你发现自己的精力用错了地方，那么你也就找到了原因，为什么你做母亲做得那么辛苦。

你要明白，我们大脑里有个部位，在我们感觉良好时，就会分泌出一种让人愉快的化学物质，而当我们把精力用在自己最亲近的人身上时，无疑这种感觉就会非常棒。这可以解释以下两种情况：

当我们把自己的主要精力用于外层而不是内层圆圈中的人时，我们可能会在短时间内出现愉悦感，但这种愉悦会很快过去，然后我们会为自己做出这样的选择而感到困惑或难过。

对那些爱挑理的人说不，会让你一时半会儿觉得有些不好意思，但如果不去拒绝这些人，实际上，会对那些对你来说很重要的人造成长期的伤害。

### 步骤4：重新确定身边人的重要性

这一步共分几个步骤。

• 圈出那些人的名字，你要重新把更多精力用在他们身上。

• 对那些你不打算投入过多精力的人，划掉他们的名字。

• 写下你为新圆圈里最亲密的人要做的三件事（例如，享受一顿浪漫的晚餐，当他们说话时更加注意聆听，每天早晨吻别）。

• 对那些划掉名字的人，写下三件你要对他们说不的事，或停止为他们常做的那些事（例如，一周来往一次，一周只打一次电话，而不是三次）。

注意：如果你缺乏对人说不的魄力，或者无法摆脱外层圈子占有你的时间和精力的那些人，那么你就需要进行一下第3章中提到的自信锻炼。

如果你冷落了一些人，你多少会有些内疚，但我接受了这个现实，因为这是做母亲所必须要面对的，我开始根据对每个人的内疚感的多少来确定哪个人更重要。这让我知道了，我必须把更多的时间用在我的丈夫和孩子身上，而不是用在工作中的老板和同事身上。

艾米莉 / 两个孩子的妈妈

**步骤5：把它付诸实践**

如果我们决定要做的那些事最后都是雷声大雨点小，那么一切都是毫无意义的。为此，我们必须做到以下几点：

•花点时间从你刚才写下要做的事中选出一件事来，承诺今天就要完成它。

• 如果你今天做不到，那么把它们写下来，贴在冰箱上或其他地方，确保自己总是能看到它，然后决定什么时候开始进行改变。

•要记住，并非所有的事情都必须马上完成，但为每个小的改变而付出则意味着最后获得一个大的回报。

## 练习 2：保持良好的精神状态

从今天开始就做这个练习，让它成为你生活的一部分。这样，在未来，无论你身在何处，无论在做什么，你都能迅速地审视一下自己是否精力充沛，以让自己的生活处于正轨。

当你决定把自己的精力用到对自己更重要的人身上时，那么下一步就是掌握把鹅卵石扔进池塘的艺术，换句话说，就是能让涟漪扩散得更远。事实上，照顾好自己才是一切幸福的源泉，就像是一口井一样，你的精力只有取之不尽，才能用之不竭。这听起来很奇怪，不过请相信我。

让我们以一个显而易见的事实来说明这个道理。如果让一口井发挥它的作用，自然包括把水桶放下去，再把水桶提起来。如果井中无水或者没人打水，井就是没有的。

同样的道理，如果我们能为需要我们抚养的人提供持续的帮助，我们就会被看成一个好妈妈，相反，如果我们总是说出"我不能"或"我太忙"，或者通过降低要求而满足孩子的需求，我们就会被看成一个没用的妈妈。

但是如果我们硬着头皮去做一个超级妈妈，想把一切做得尽善尽美，对我们和孩子来说，也是有害无益的，这只会让我们崩溃。一个真正的超级妈妈是这样的，就像平常一样，穿着沾满宝宝呕吐物的衣服，看起来不那么完美，这才是一个妈妈的样子。

**步骤 1：在纸上画一个井（一个大写字母 U），然后画一条横线代表井水的高度，这意味着你有多少能量。**

看看这个井有多满？一半，四分之三，或者近乎于是空的？你是精力充沛，还是用过几次抽乳器后身体就疲惫得拉起了警报？这是一种简单快速的自我检查方法，每天都可以做，以了解自己的精神状态。

**步骤 2：如果你画的线（即水位）比较低，那么就应该开始寻找自己的水源。**

换句话说，就是通过确定什么人和什么事能为你的生活带来能量、支持和热情，然后确保做到下面几点：

有些人和有些事会给你带来良好的感觉，通过它们来增加自己井中的水量。即使是让爱人为你做五分钟的足底按摩也会让一些妈妈重新精神焕发，还可以进行自我鼓励，如说"你今天的工作做得很棒"等，效果也很好。

看看下面的清单，看看哪些事情能快速而简单地为你补充能量，并把这些事融入自己的日常生活。

不能把食物当作唯一的恢复精力的东西，因为它起作用的时间太短，这也同样适用于酒精。如果你只能通过食物来恢复精力，那么你会发现，自己的期望往往落空，而遇到的麻烦却相当多。

我和我的丈夫一起做了这个练习，他用尽浑身解数试图让我相信，性生活能让我焕发生机。当我告诉他，性生活似乎会让我更疲惫，他是一脸的震惊。男人啊！

**玛吉** / 三个孩子的妈妈

**步骤 3：如果你画的线（即水位）仍很低，那就限制水从井里流出**

换句话说，让你的朋友、亲人和其他占用你精力的人知道你的精力没那么多，要减少和他们的联系，这样就能减少自己精力的付出。你要果断地、礼貌地告诉他们你不能做的事情，如你不能和朋友出去购物，或者当婆婆本周内第三次给你打电话时，你不能陪她再聊上一个小时。

**步骤 4：学会用警告标志来提醒自己，让自己保持精力**

当我们精力不济时，都会出现一定的身体信号，无论是情绪上的警告信号（如，面对孩子时失去冷静，或者大声训斥丈夫），还是身体上的警告信号（如，即使已经休息过了仍想睡觉，或者小病不断、持续头痛等）。

把能消耗或增加你精力的事情写下来做成警告标志，如果你勇气足够，可以去问你的朋友和亲人，看到这些警告标志他们会有什么想法，他们的意见可能非常有用。当然，他们所说的可能你并不会喜欢。

我有一个很好的女朋友，她总是知道我什么时候不开心。她说，如果我在 48 小时内没有回复短信，然后她会在下午六点半出现在我家门口，手里拿着一桶冰激凌和一张我们都喜欢的旧 DVD。她会帮我把孩子安顿好，然后我们开始聊天叙旧。

**索尼娅** / 一个孩子的妈妈

为了让自己充满活力，可以试着做下面的事情：

——让你的爱人为你做足底按摩，或者在购物中心时，趁着宝在婴儿车里睡着，做一个快速 10 分钟按摩。

——在自己的花园里摘一些花，把它插在花瓶里。

——制作健康的小零食。

——涂口红，涂睫毛膏。

——读上几分钟杂志。

——给一个自己特别喜欢的朋友快速发短信。

——沐浴，并且用特级的沐浴露。

——给妈妈或者关系比较好的亲属打个电话。

——邀请自己最好的朋友来喝下午茶。

——涂脚趾甲。

——开车去商场的时候，在车上放一首喜欢的歌。

——写下一句鼓舞人心的话，把它贴在自己的冰箱上。

——做一杯自己喜欢的鸡尾酒。

——给自己倒杯茶。

——念一些写给自己、肯定自己的话，例如，"尽己所能，做到最好"或"你一定能做到，因为很多艰难的日子你都挺过来了"。

——打印一张你最喜欢的自己和宝宝的合照，然后挂在墙上。

列出你最喜欢的事情，那些让你开心、让你微笑、让你精神放松的事情。

## 练习 3：创建自己的"房子和花园"

做完今天这个练习，你就不会为"我是谁"这个问题所困扰了，你会更快乐，更自信，会成为你孩子未来的榜样。

妈妈们需要记住，生活的本质就是要取得各方面的平衡，宝宝只是你生活的一部分，你还需要自己的朋友，需要和爱人共度时光，也需要休息。你需要为自己不同的角色展示出不一样的风采来，千万不要认为自己只是一个母亲。

**凯西** / 三个孩子的妈妈

了解自己的生活价值目标对于自己如何选择人生的方向至关重要。如果你不知道自己的价值目标，你就很难知道自己是谁，或者自己想从生活中得到什么。

如果你想了解更多的该领域的知识，朱利安·肖特博士的《智慧生活》一书可以一读。为了便于新妈妈们将本书的理念应用到生活中，我对此书做了适当地改编。

基于以下四个关键因素，建立你自己的"房子和花园"。

1. 我们有两个主要的价值目标（我把它们称之为我们的"房子"）：一是照顾和保护好我们自己，二是照顾和保护好我们所爱的人。

2. 我们有许多次要的价值目标（我把它们称之为我们的"花园"）：这些价值目标进一步定义细化了我们是谁，以及我们该怎么表现。

3. 相比于次要价值目标，主要价值目标必须处于更重要的位置，否则我们的内心就会长期地感到压抑。这也就是说，你把自己的花园看得比自己的房子更重要。

4. 如果我们不清楚自己的价值目标，或者不按自己的价值目标生活，那我们的生活看起来就会很糟糕，并最终让我们感觉很痛苦。而一旦我们了解了自己的价值目标，并让它指引我们的生活，我们就会感觉重新找回了自己。

**步骤 1：确定主要价值目标（创建自己的房子）**

首先，我们要清楚自己的主要价值目标是什么。如果你和大多数母亲一样，你就会习惯于保护和照顾别人，但要记住，保护和照顾好自己也是非常重要的。如果我们想有个好的精神状态，我们就需要确保我们的"房子"的东西看起来总是平衡的。你可以这样做：

—取一张纸，横向将它分成三等分。

—在上三分之一处，画一个房子，并在房子中间画一条横线。

—将房间的一半标注为"保护或照顾我所爱的人"。

—将房间的另一半标注为"保护或照顾我自己"。

—通过下面的表格，看看你是如何照顾自己的。在你已经做过的事情旁边打个钩，然后在你想要改变的地方画一个圆圈。

— 在你画的房子上，写下实现自己主要价值目标应采取的行动。

**我的身体健康需求，如：**

| |
|---|
| ☐我的饮食是否健康平衡，我的饮食是否有规律? |
| ☐ 我最近在锻炼身体吗，哪怕每天只有 10 分钟? |
| ☐ 当我有机会睡觉时，我在睡觉吗? |
| ☐ 当我有片刻休闲之时，我是进行了瑜伽呼吸还是慢呼吸? |
| 其他： |
| ☐ 我的朋友和（或）亲人是否占用了我太多的精力? |
| ☐ 我和爱人的关系怎么样，需要我花更多的时间、精力和（或）努力去改善吗? |
| ☐ 我感到孤独吗，是否觉得自己无法出门? 我能和母亲群或网上的其他妈妈 联系上吗? |
| ☐ 我想去工作吗? |
| 其他： |
| ☐ 我能宽容自己的缺点吗? |
| ☐ 当我自言自语时，我是宽慰鼓励自己，还是批评贬低自己? |
| ☐ 我是否告诉过自己，要视情况做出改变? 或者按照自己的能力去做每一件 |

**续表**

| | |
|---|---|
| ☐ | 事，不强求自己？ |
| ☐ | 当需要拒绝朋友和亲属时，我有勇气去做吗？ |
| ☐ | 我是否一直反复思考一些事情，直到自己觉得快要发疯？ |
| | 当到了睡觉的时间时，我是否能忘掉一切，迅速进入睡眠状态？ |

**案例**

萨莉是我的一个病人，在孩子大约六个月大时，她来向我求助。她看起来很痛苦，不知道自己该做什么。她很爱自己孩子艾莉，可却觉得日子过得平淡如水，整天无所事事。

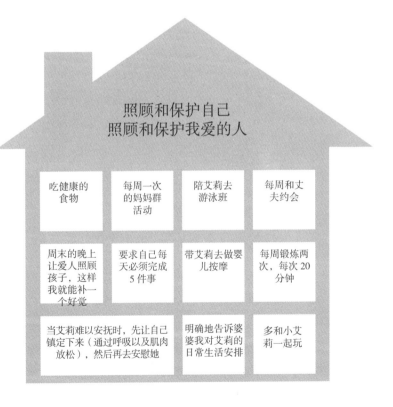

**步骤 2：确定你的次要的价值目标（创建你的花园）**

这一步如下进行：

1. 在你的房子下面，整个页面的下三分之一处，画一条横线。

2. 查看下面的表格，选出 10 个价值目标，它们反映了现在，以及将来你最希望自己成为什么样的人。

3. 在横线下面写下这 10 个词汇。

4. 在横线上面写下实现这 10 个价值目标应采取的行动，这些行动就好像它们是花园里的正在成长的树，而它们的根就是选择你的那些价值目标。

| | | | |
|---|---|---|---|
| 冒险精神 | | | |
| 漂亮 | 卓越 | 爱和浪漫 | 力量 |
| 沉着 | 公平 | 忠诚 | 成功 |
| 挑战性 | 信任 | 金钱 | 团队合作 |
| 追求改变 | 自由 | 非暴力 | 宽容 |
| 爱干净 | 友谊 | 讲究秩序 | 传统 |
| 重承诺 | 有趣的 | 忍耐 | 内心宁静 |
| 沟通交流 | 努力工作 | 爱国 | 信任 |
| 融入社区 | 和谐 | 毅力 | 真理 |
| 能力 | 诚实 | 权力 | 财富 |
| 竞争性 | 荣誉 | 守时 | |
| 礼貌 | 独立 | 认真工作 | |
| 时尚 | 创新 | 安全感 | |
| 观察力 | 正直 | 社会稳定 | |
| 效率 | 公正 | 速度 | |
| 平等 | 知识学问 | 灵性 | |
| | 领导力 | 地位 | |

下面我举个例子，看看萨莉的"花园"是什么样子的，这里仅以她选中的3个词汇来说明。

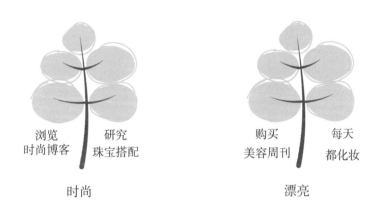

浏览　　　　研究
时尚博客　珠宝搭配

时尚

购买　　　每天
美容周刊　都化妆

漂亮

带着宝宝　计划两年内
在矮灌木　到卡卡杜国
丛中散步　家公园旅行

冒险精神

**步骤 3：付诸实践**

只有加倍努力，我们才能把美好的想法变成现实，但这并不意味着我们非得去做一个超级妈妈。当你深受睡眠不足的困扰、遭遇了乳头皲裂等种种不如意之时，下面有一些建议，可以帮你树立信心。

——不要一次把所有事情做完。你可以在一段时间内专注于一个目标，而其他目标则慢慢实现。

——当你选择了一个价值目标之后，如果不知道采取什么样的具体行动来实现它，就不要把时间浪费在这上面，那就选择另外一个目标。

——保持专注。把你所画的房子和花园放在一个容易看到的地方。

——保持耐心。你不可能在一夜之间就把自己的目标和实现的途径想得清清楚楚。要花时间去了解认识自己，在这个过程中要对自己保持耐心，对自己宽容一些。

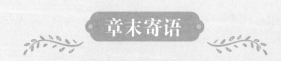

章末寄语

　　如果这一章对你来说十分有用，那么我想，在未来我将会见到一个全新的你。我也知道你会喜欢这个自己，因为这样的你既为你深爱的人付出了很多，又没有失去自我。

　　你的孩子将来一定会深深感谢你。因为你拿出了决心和勇气重新审视了自己，也让自己成为孩子未来的榜样。正如作家乔伊斯·梅纳德所写的那样：

　　不仅仅是孩子们在成长，父母们也在成长。当我们观察孩子们在做些什么时，他们也在观察着我们，看我们如何处理自己的生活。

**乔伊斯·梅纳德** / 三个孩子的妈妈

图书在版编目（CIP）数据

妈妈进化论 / （澳） 希瑟·埃尔文著；多英俊译. -- 成都 ： 四川
科学技术出版社，2018.8
ISBN 978-7-5364-9152-6

Ⅰ. ①妈… Ⅱ. ①希… ②多… Ⅲ. ①婴幼儿—哺育—基本知识
Ⅳ. ①TS976.31

中国版本图书馆CIP数据核字（2018）第189382号

四川省版权局著作权合同登记章　图进字21-2018-388号
Original title: Hello Baby!
CopyrightHeather Irvine 2017
This edition published by Ventura Press in 2017
All rights reserved.

The simplified Chinese translation rights arranged
through Rightol Media（本书中文简体版权经由锐拓传媒取得
Email:copyright@rightol.com）

# 妈妈进化论
## MAMA JINHUALUN

出 品 人　钱丹凝　　　　　　　　责 任 编 辑　梅　红
编 著 者　希瑟·埃尔文　　　　　责 任 出 版　欧晓春
译　　者　多英俊
出 版 发 行　四川科学技术出版社
　　　　　　地址　成都市槐树街2号　　邮政编码　610031
　　　　　　官方微博　http://weibo.com/sckjcbs
　　　　　　官方微信公众号　sckjcbs
　　　　　　传真　028-87734037
成 品 尺 寸　170mm×230mm
印　　张　17
字　　数　350千
印　　刷　天津市光明印务有限公司
版次/印次　2018年8月第1版　2018年8月第1次印刷
定　　价　55.00元

ISBN 978-7-5364-9152-6
版权所有　翻印必究
本社发行部邮购组地址　成都市槐树街2号
电话　028-87734035　邮政编码　610031